MATHEMATICS

하루 한 권, 일상 속 수학

KB163668

사사키 준 지음

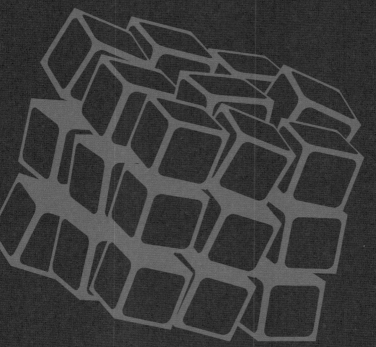

우리 주변에 숨어 있는 흥미로운 수학 이야기

사사키 준

1980년 미야기현 센다이시 출생. 도쿄 이과 대학 이학부 제1부 수학과를 졸업한 후 도호쿠 대학 대학원 이학 연구과 수학 전공 수료. 방위성 해상자위대 수학 교관. 수학 검정 1급 취득. 대학 재학 중 와세다 아카데미에서 지도 경험을 쌓음. 담당했던 중학교 2학년 최하위 반에서 풀 수 있는 문제부터 '풀게 하고', 반복 연습을 '시키고', '칭찬함'으로써 실력을 키우는 야마모토 이소로쿠[1]의 방식을 도입해 자신감을 갖게 하는 것에 성공. 더불어 해마다 가이세이 고등학교나 와세다, 게이오 대학의 부속고등학교에 합격자를 배출하던 우등반의 평균을 넘는다는 위업을 달성. 그 이후 요요기제미날[2]에서 최연소 강사를 거쳐 현직에 이름. 해상자위대에서 수학 교관으로서 파일럿 지망생을 대상으로 입문교육에 충실, 발전에 크게 힘쓴 공적이 인정되어 사무관으로서는 이례적인 3급 상사[3]를 수상.

1) 인재 육성에 일가견이 있었다고 하는 제 2 차 세계대전 시절의 일본 해군 제독
2) 일본의 유명 입시학원
3) 훈장의 일종

일러두기

● 본 도서는 2019년 일본에서 출간된 사사키 준의 「身近なアしを数学で説明してみる」를 번역해 출간한 도서입니다. 수학을 우리 일상에 적용한다는 도서 내용의 특성상 일본에 관한 예시가 다수 포함되어 있습니다. 우리 정서에 맞지 않거나 이해하기 어려운 개념들은 최대한 바꾸어 옮겼으나, 불가피한 경우 일본의 예시를 그대로 사용했습니다.

'모든 과거는 고쳐 쓸 수 있다.'
'미래가 과거를 만든다.'

천체 물리학자이자 이론 물리학자인 사지 하루오 씨의 말입니다. '과거는 바꿀 수 없고, 바꿀 수 있는 것은 미래뿐'이라고 생각했던 저는 이 말을 듣고 큰 충격을 받았습니다.

우리는 TV 방송 등에서 과거의 실패 경험을 생생하게 이야기하는 연예인들을 종종 봅니다. 그것은 미래를 바꿔서 과거를 고쳐 쓴 결과라고 생각합니다. 힘들었던 과거와 실패 경험이 지금으로 이어지는 '밑거름'으로 바뀐 것이지요. 이처럼 미래를 바꿈으로써 괴로웠던 과거를 빛나는 추억으로 바꾼 사람들이 우리 주변에는 굉장히 많이 있습니다. 어쩌면 이 과정을 '극복'이라고 할 수도 있겠네요.

인사가 늦었습니다. 저는 해상 자위대에서 파일럿 지망생들에게 수학을 가르치고 있습니다. '자위대에서 수학'이라니 의아하게 생각하실 분들도 있겠지요. 하지만 자위대 안에도 학교가 있고 다양한 교육이 이루어지고 있습니다. 예를 들어 헤엄을 전혀 치지 못하는 사람이 몇 달 후에는 약 9km나 되는 거리를 헤엄칠 수 있게 하는 것도 그 교육 중 하나랍니다.

해상 자위대에는 파일럿 지망생을 육성하는 항공 학생이라는 제도가 있습니다. 그 과정에 포함된 수학의 내용은 고등학교에서 이과를 선택해야 배우는 것입니다. 물론 학생 중에는 수학을 싫어하거나 고등학교에서 문과를 선택한 사람도 있지요.

하지만 이러한 학생들도 학습 범위를 좁혀서 공부하며 수학에 대한 편견을 바꾸면 '할 수 있게' 되는 법입니다. 이런 방법으로 수학 성적을 올린 제자들은 과거를 바꾸고 당당하게 파일럿이 된답니다. '할 수 없다', '해본 적이 없다'는 과거의 이야기가 되어버립니다.

가령 그 '할 수 있다'가 확신이 없는 행동이거나 착각이라도 괜찮습니다. 착각이라고 해도 '할 수 없다'고 생각하느니 '할 수 있다'고 착각하는 게 이득일 겁니다. '할 수 있다'고 착각하는 것이 과거의 '할 수 없다'는 기억을 깨끗이 바꿔 써주는 결과를 가져다주는 것이니까요.

그런데 '수학은 배우면서 쌓은 지식이 중요하다. 지식이 쌓이지 않으면 수학은 잘할 수 없다'고들 하는데 과연 사실일까요?

수학 문제를 푸는데 모든 걸 다 파악할 필요는 없습니다. 저도 대학, 대학원 시절에는 같은 연구실에 있는 친구들의 연구 내용을 이해하지 못할 정도였습니다. 꼭 알아야 하는 것이 있으면 그때그때 찾으면 됩니다.

우리가 일상적으로 사용하고 있는 것도 하나부터 열까지 엄밀히 이해하고 사용하는 것은 아닙니다. 예를 들어 핸드폰의 구조와 기능을 정확하게 이해하고 사용하는 사람은 거의 없지요. '사용할 수 있는 기능을 사용한다'는 것만으로도 충분합니다. 그것은 수학에도 해당된답니다. 핸드폰을 만지듯이 가볍게 수학을 접해도 된다는 것이지요.

그러기 위해서 이 책에서는 본래 수학의 생명이자 중요한 요소인 엄밀함을 제쳐두고, 대략적인 이미지나 구체적인 예를 사용해 부담없이 해설했습니다.

'수학은 이런 일을 하고 있다.'
'이런 곳에 수학이 숨어 있다.'

이러한 주제로 엮었습니다. 주제 중 하나라도 이해할 수 있다면 '해냈다' 고 생각해도 됩니다. '해냈다'가 늘어나면 자신감도 따라옵니다. 자신감이 생기면 머지않아 과거의 기억은 바뀌게 됩니다. 지금까지 수학은 질색이었던 분들이 계실지도 모릅니다. 그렇게 생각해도 괜찮습니다. 아니, 오히려 그렇게 생각하는 것이 낫겠네요. 이 책이 '전에는 수학을 잘하지 못했다'는 추억 이야기를 하기 위한 발판이 되었으면 좋겠습니다.

이제 과거를 바꾸는 '여행'을 떠나보실까요?

사사키 준

하루 한 권,
일상 속
수학

우리 주변에 숨어 있는
흥미로운
수학 이야기

목차

제1장

이제 고민 끝!
'숫자'에 관한
궁금증

초등학교 시절에 분수의 나눗셈 같은 것을 배우며
'왜 그럴까?'하고 궁금하게 여긴 적은 누구나 있을 것이다.
이런 궁금증도 시간이 지나고 나서 다시 생각해보면
시원하게 풀어낼 수 있을지도 모른다.
그럼 '그때의 궁금증'을 해결하러 가보자.

미사일 순양함 '요크타운 호'에서 시스템 다운이 발생한 이유

1997년 9월 미국 해군의 미사일 순양함 '요크타운 호'에서 문제가 발생했다. 컴퓨터 시스템 고장으로 2시간 30분 정도 모든 기능이 마비되어 항해조차 할 수 없게 된 것이다. 결국 요크타운 호는 임무를 마치지 못하고 노퍽 항구로 돌아오게 되었다.

이 시스템 고장에 대해 조사한 결과 가장 큰 원인은 '수를 0으로 나누려고 한 행위가 있었기 때문'이라고 한다. 그런데 왜 수를 0으로 나누면 안 되는 것일까?

초등학교에서는 '수를 0으로 나누면 안 된다'고 배운다. 핸드폰의 계산기로 '÷0'을 입력하면 '오류' 혹은 '0으로 나눌 수 없어요.'라고 뜬다. 계산기를 사용해도 답이 나오지 않는다니 신기한 일이다.

여기서는 '수를 0으로 나누면 안 되는 이유'를 '나눗셈의 방법'에서부터 살펴보도록 하자.

나눗셈은 보통 '곱셈의 반대'라고 배우지만 '뺄셈을 응용한 것'이기도 하다. 예를 들어 '18 ÷ 6 = 3'은 '6 × 3 = 18'이라는 '곱셈의 반대'라고 생각하는 것이 일반적이다. 하지만

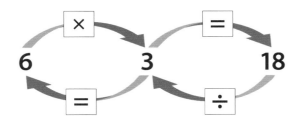

'18이라는 수에서 6이라는 수를 몇 번 뺄 수 있을까?' 하는 다른 시각으로 볼 수도 있다. 정답은 '3회'이다. 이 방법을 '뺄셈의 응용'이라고 하고 문제에 대해 다시 생각해보도록 하자.

18　　　**12**　　　**6**　　　**0**

이 뺄셈의 관점에서 생각하면 '0으로 나누기'라는 것은 0을 계속 빼는 행위가 된다. 예를 들어 3÷0을 계산하는 것은 '3에서 0을 몇 번 빼면 0이 되는가' 하는 것인데 몇 번을 빼도 정답은 나오지 않는다.

한없이 0을 빼도 정답이 나오지 않는 것이다.

컴퓨터는 스스로 생각하고 판단할 수 없기 때문에 정답이 나오지 않는 것에 대해서는 '정답이 나오지 않는다'는 '정답'을 사람이 가르쳐야 한다. 왜냐하면 컴퓨터는 정답이 나오지 않는 문제일지라도 '정답'이 요구되는 이상 계속 시도하기 때문이다. 사람이 컴퓨터에 가르친 '0으로 나누기', '÷0'의 정답이 '오류' 등의 경고 메시지였던 것이다. 이 경고는 컴퓨터에 계속 시도하는 행위를 그만두게 하는 '답'이다.

앞에서 언급한 요크타운 호 사고에서는 승무원이 숫자를 잘못 입력한 결과 '0으로 나누는' 계산을 실행시키고 말았다. 그리고 컴퓨터가 계산을 반복하는 동안 메모리가 끊임없이 소비되어 고장을 일으키고 모든 기능이 다운된 것이다. '0으로 나눈다'는 것이 미사일 순양함의 기능까지 정지시켜 버리므로 단순한 계산이라고 얕잡아보면 안 된다.

'추억은 방울방울'의 주인공 타에코가 분수의 나눗셈을 잘하지 못한 이유

스튜디오 지브리가 제작한 애니메이션 영화 중에 '추억은 방울방울'(1991년[1])이 있다.

이 영화의 주인공은 '오카지마 타에코'라는 여성이다. 그녀는 초등학생 시절 분수의 나눗셈을 이해하지 못해서 계속 고민한다. 결국 시험에서 나쁜 점수를 받아 언니에게 혼나기도 했다.

분수의 나눗셈은 '뒤집어서 곱하기'

초등학교에서 배운 이 '마법'은 왜 그렇게 하는지 모른 채 몇 년이 지나도 궁금증이 풀리지 않는다. 그런데 '왜 그럴까?'에 대한 답은 너무 쉽다. 계산하면 그렇게 되기 때문이다. 다만

'매번 계산하면 힘드니까 규칙을 배워 보자'

하고 초등학교에서 가르친다.

수학에서 분수의 나눗셈 규칙처럼 '계산하면 힘드니까 암기해 버리자' 하며 가르치는 것은 많다. 구구단도 그렇다. '매번 계산하면 힘들다'는 이유로 외웠을 것이다.

9×9는 원래 오른쪽 페이지처럼 꾸준히 8번 덧셈을 거듭하면 된다. 하지만 대부분의 사람은 이렇게 번거로운 계산보다는 '$9 \times 9 = 81$'이라고 암기해서 사용한다.

이제 분수의 나눗셈을 뒤집어 곱셈하는 과정에 생략된 계산을 직접 해 보자.

---

1) 한국에서는 2006년에 개봉했다.

● 9 × 9를 계산하는 흐름

$$9 \times 9 = 9 + 9 + 9 + 9 + 9 + 9 + 9 + 9 + 9$$
$$= 9 + 9 + 9 + 9 + 9 + 9 + 9 + 18$$
$$= 9 + 9 + 9 + 9 + 9 + 9 + 27$$
$$= 9 + 9 + 9 + 9 + 9 + 36$$
$$= 9 + 9 + 9 + 9 + 45$$
$$= 9 + 9 + 9 + 54$$
$$= 9 + 9 + 63$$
$$= 9 + 72$$
$$= 81$$

계산하기에 앞서 준비가 필요하다. 여기에서는 1.5 ÷ 0.3을 계산하는 방법을 생각해 본다. 이 나눗셈은 소수점을 하나씩 옆으로 옮겨서 '15 ÷ 3' 수식으로 대체해 계산한다.

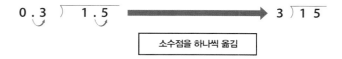

소수점을 하나씩 옮김

1.5 ÷ 0.3에서 15 ÷ 3으로 소수점을 옮기고 계산하기 때문에 나누는 수와 나눠지는 수가 각각 10배가 되었다.

이 수식의 변형 과정은

$$1.5 \div 0.3 = 1.5 \times 10 \div 0.3 \times 10$$
$$= 15 \div 3 = 5$$

가 된다. 이 소수의 나눗셈처럼 나누는 수와 나눠지는 수에 각각 같은 수를 곱해도 된다. 이 계산은 약분과 비슷하다. 약분이란 나누는 수와 나눠지는 수를 같은 수로 나누는 것을 말한다.

이것으로 준비가 됐기 때문에

$$\frac{5}{7} \div \frac{3}{4}$$

이 계산을 통해 분수의 나눗셈이 나누는 수를 뒤집어 곱하게 되는 과정을 살펴 보자.

나눠지는 수　　나누는 수

$$\frac{5}{7} \div \frac{3}{④}$$

나누는 수 $\frac{3}{4}$ 의 분모 4를 나누는 수 와 나눠지는 수 에 곱한다.
그렇게 하면

$$\frac{5}{7} \div \frac{3}{4} = (\frac{5}{7} \times 4) \div (\frac{3}{4} \times 4) = \frac{5}{7} \times \boxed{4 \div 3}$$

$$\boxed{4 \div 3 = \frac{4}{3}}　\text{이므로}$$

$$\frac{5}{7} \div \frac{3}{4} = (\frac{5}{7} \times 4) \div (\frac{3}{4} \times 4) = \frac{5}{7} \times 4 \div 3 = \frac{5}{7} \times \frac{4}{3}$$

가 된다. 매번 이렇게 계산하면 너무 번거롭기 때문에 '분수의 나눗셈은 뒤집어서 곱하기'라는 '마법'을 외우는 셈이다.

● **피자 나누기**

다음은 '피자 나누기'라는 예시를 들어 생각해 보자. 피자 한 장을 4명이 나눠 먹으면 그 조각의 사이즈는 $\frac{1}{4}$ 이 된다.

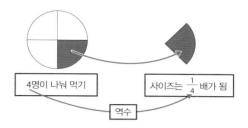

이것을 수식으로 하면

$$1 \div 4 = \frac{1}{4}$$

이 된다. 이것을 다른 시각에서 생각해 보자. 피자 한 장을 $\frac{1}{4}$ 크기로 나누면 4장의 조각으로 만들 수 있다.

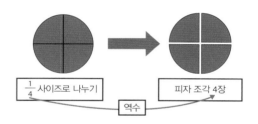

이것을 수식으로 하면

$$1 \div \frac{1}{4} = 4$$

가 된다. 여기서 크기와 인원수는 역수 관계이다. 방금 나온 수식 2개는 같은 상황을 나타내고 있다. '나눠줄 사이즈에 주목'하느냐, '나눠줄 인원에 주목'하느냐의 차이다. 둘 다 나누는 수와 답이 서로 역수다. 이 역수의 관계성이 바로 '분수의 나눗셈은 뒤집어서 곱하기'의 정체였던 것이다.

토너먼트전의 경기 수를
빠르게 계산하기

지금 A, B, C, D, E, F, G의 일곱 팀이 있고 토너먼트전을 열어서 우승팀을 정하고자 한다. 이때 경기를 몇 번 해야 할까? 사실 토너먼트전을 어떻게 짜든 여섯 경기로 승부가 결정된다. 왜냐하면 '패한 팀'과 '경기'가 일대일로 대응하기 때문이다.

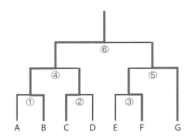

1경기째: B가 이기고 A가 진다.
2경기째: C가 이기고 D가 진다.
3경기째: F가 이기고 E가 진다.
4경기째: B가 이기고 C가 진다.
5경기째: G가 이기고 F가 진다.
6경기째: B가 이기고 G가 진다.

눈치가 빠른 사람은 이 경기를 보고 일대일로 대응하는 부분이 어딘지 이미 알아챘을지도 모른다. 토너먼트전이므로 우승하는 것은 딱 한 팀, 이 예시로는 B팀이다. 그 외의 팀은 모두 한 번씩 지게 된다. 즉 패한 팀과 진 경기가 일대일로 대응하는 것이다. 하지만 이긴 경기는 일대일로 대응하지 않는다. 예를 들어 B는 1경기, 4경기, 6경기 총 세 경기에서 승리했기 때문에 이 세 경기와는 일대일 대응이 아니다.

$$7 - 1 = 6$$

팀수　　　　　우승하는 팀　　　필요한 경기 수 = 진 경기 수

제2장

우리 주변에 숨어 있는 '제곱근'

피타고라스가 피타고라스의 정리를 발견한 후

제곱근이 생겨났다.

처음에는 '분수로 표기할 수 없는 수'라며 문제가 되었지만

시간이 지나면서 일상 속 다양한 곳에서 쓰이게 되었다.

이 제곱근에 대해 자세히 알아보자.

복사기의 확대 배율이 어중간한 숫자 '141.4%' 등으로 표시된 이유

'이 A4 사이즈 자료를 A3로 확대 복사해서 가져다 줘.'

직장에서 흔히 상사가 부하에게 시키는 일이다. 당신은 회의 자료를 확대하기 위해 사무실에 있는 복사기 앞으로 가서 '확대' 버튼을 누르려고 한다.

이때 복사기에 등록되어 있는 배율의 표시를 보면 '141%'나 '141.4%' 등 어중간한 숫자로 되어 있는 것을 확인할 수 있을 것이다. '딱 맞게 150%로 해도 될 텐데'라고 생각한 적은 없는가?

여기에서는 복사기에 표시되는 이 정체불명의 배율에 대해 자세히 알아보도록 하자. 이 어중간한 배율은 종이 크기에 답이 숨겨져 있다. 우리가 주로 사용하는 A판이나 B판 용지는 정사각형이 아니라 직사각형이기 때문에 가로와 세로의 길이가 다르다. 여기서는 변의 길이가 짧은 쪽을 가로, 긴 쪽을 세로로 한다.

이 가로와 세로 비율은 A4, A3, B3, B2 등 사이즈에 상관없이 모두 동일하다. 그렇다면 그 비율은 얼마일까? 정답은 $1 : \sqrt{2}$[2]로, 금강비라고 불리기도 한다. 어중간한 숫자로 보이지만 이렇게 하면 A판과 B판 용지는 반으로 접어도 가로와 세로의 비율이 항상 같다는 편리한 성질을 가지게 된다. 덕분에 확대하거나 축소를 해도 내용이 삐져나오거나 여백이 생기지 않는다.

A판, B판 용지를 계속 절반의 면적이 되도록 작게 접다 보면 오른쪽 아래 그림과 같아진다. 예를 들어 A3 용지를 면적이 반이 되도록 접으면 20페이지 그림과 같이 A4 사이즈의 용지가 된다.

---

[2] '루트 2'라고 읽는다.

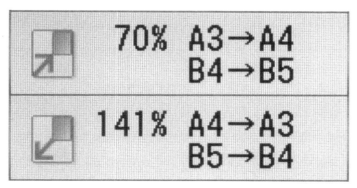

복사기 조작 화면의 예. '141%'라는 어중간한 숫자가 표시되어 있다.

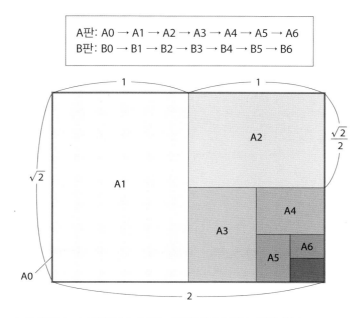

A판: A0 → A1 → A2 → A3 → A4 → A5 → A6
B판: B0 → B1 → B2 → B3 → B4 → B5 → B6

A0의 절반이 A1, A1의 절반이 A2가 된다. A판뿐만 아니라 B판도 마찬가지이다.

반대로 확대를 하고 싶다면 아래 그림처럼 A4 용지를 두 장 모아서 A3 크기로 만들 수 있다.

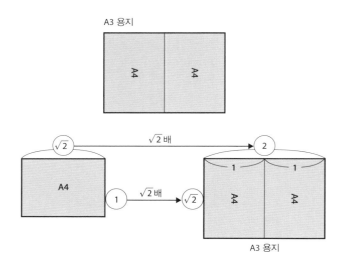

이때 A4 용지와 A3 용지의 가로와 세로 길이를 살펴보자. A3 용지의 가로와 세로 길이는 각각 A4 용지의 $\sqrt{2}$배가 되어 있는 것을 확인할 수 있다.

$\sqrt{2} = 1.41421356\cdots = 141.421356\cdots\% \fallingdotseq 141.4\%$

그렇기 때문에 A4를 A3로 확대할 때 A판 용지의 확대 배율은 141.4%가 되는 것이다.

● **복사기의 축소 배율 '70.7%', '81.6%'에서 알아보는 '분모의 유리화'**
이번에는 A3 용지를 A4로 축소할 경우를 생각해 보자.

복사용지의 확대는 가로와 세로 길이에 $\sqrt{2}$배를 하기 때문에 축소는 각 길이에 $\frac{1}{\sqrt{2}}$ 배 한다.

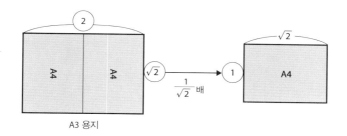

A3 용지

하지만 $\frac{1}{\sqrt{2}}$ 을 그대로 계산하는 것은 좀 어려울 것이다. 왜냐하면

$$\frac{1}{\sqrt{2}} = \frac{1}{1.41421356\cdots} = 1 \div 1.41421356\cdots$$

즉, $1 \div 1.41421356\cdots$이라는 방대한 계산을 하게 되기 때문이다. 이 방대한 계산을 제대로 하려면

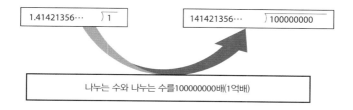

나누는 수와 나누는 수를 100000000배(1억배)

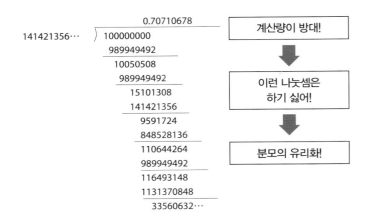

보다시피 너무 번거롭다.

이 계산을 복잡하게 만든 원인은 분모인 $\sqrt{2}$이다. 그렇기 때문에 분모에 $\sqrt{2}$가 남지 않도록 수식을 바꾸면 된다.

이럴 때 사용하는 것이 바로 분모의 유리화이다.

$\sqrt{2} \times \sqrt{2} = 2$이므로 $\dfrac{1}{\sqrt{2}}$ 의 분모와 분자에 분모와 같은 수 $\sqrt{2}$를 각각 곱한다.

$$\frac{1}{\sqrt{2}} = \frac{1 \times \sqrt{2}}{\sqrt{2} \times \sqrt{2}} = \frac{\sqrt{2}}{2} = \frac{1.41421356\cdots}{2} = 0.70710678\cdots$$

위 수식의 녹색 테두리 부분을 분모의 유리화라고 한다. 처음 유리화를 배웠을 때 '이게 무슨 도움이 되나?'하는 의문이 든 독자도 있을 것이다. 이 분모의 유리화를 이용함으로써 방대한 나눗셈을 간단한 계산으로 대체할 수 있다.

$$0.70710678\cdots = 70.710678\cdots\% \fallingdotseq 70.7\%$$

이렇게 축소 배율은 70.7%가 된다.

참고로 복사기에 따라서는 70.7%가 아니라 71%나 70%가 설정되어 있기도 하다. 70.7%를 소수 첫째 자리까지 반올림하면 71%인데 71%는 70.7%보다 조금 더 큰 배율이기 때문에 축소 복사를 하면 끝 부분이 잘릴 수 있다. 그렇기 때문에 70.7%를 소수 첫째 자리까지 반올림하는 것이 아니라 소수 첫째 자리까지 버림한 배율인 70%로 설정되기도 한다.

복사기의 조작 화면에는 그 밖에도 122.4%, 81.6% 같은 배율이 설정되어 있다. 이것에 대해서도 살펴보도록 하자.

지금까지 살펴본 것처럼 A판 용지를 확대하면 면적이 두 배가 되고 축소하면 절반이 되기 때문에 용지가 너무 크거나 작은 문제가 발생한다. 이러한 문제를 해결하는 용지가 바로 B판이다. '면적을 두 배까지 늘릴 필요는 없지만 조금 확대하고 싶다'는 요구를 받아들여 A판 용지의 면적을 1.5배로 확대한 것이 B판 용지다. A판과 B판에는 아래 그림과 같은 관계성이 있다.

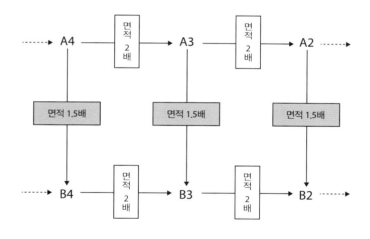

B판은 A판보다 면적이 1.5배 크기 때문에 가로와 세로의 길이가 $\sqrt{1.5}$배

다. 이것을 계산하기 쉽도록 $\sqrt{1.5}$의 소수를 분수로 바꾸면

$$\sqrt{1.5} = \sqrt{\frac{3}{2}} = \frac{\sqrt{3}}{\sqrt{2}}$$

이 된다. A판의 가로 길이를 1이라고 하면 세로 길이는 $\sqrt{2}$가 되므로 B판의 가로 길이는 $1 \times \dfrac{\sqrt{3}}{\sqrt{2}} = \dfrac{\sqrt{3}}{\sqrt{2}}$, 세로 길이는 $\sqrt{2} \times \dfrac{\sqrt{3}}{\sqrt{2}} = \sqrt{3}$이 된다.

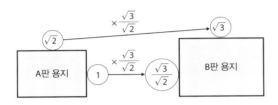

또, A판의 대각선의 길이를 c라고 치면 피타고라스의 정리를 이용해 $c^2 = 1^2 + (\sqrt{2})^2 = 3$, $c = \sqrt{3}$이 되므로 아래 그림과 같은 관계성도 있다.

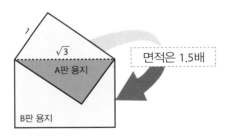

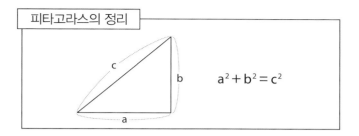

피타고라스의 정리

$$a^2 + b^2 = c^2$$

B판의 가로 길이는 $\dfrac{\sqrt{3}}{\sqrt{2}}$ 이므로 분모를 유리화하면

$$\frac{\sqrt{3}}{\sqrt{2}} = \frac{\sqrt{3} \times \sqrt{2}}{\sqrt{2} \times \sqrt{2}} = \frac{\sqrt{6}}{2} = \frac{2.44948974\cdots}{2}$$

$$= 1.22474487\cdots = 122.474487\cdots\% \fallingdotseq 122.4\%$$

A판을 B판으로 확대할 경우 122.4%로 설정하면 된다는 것을 알 수 있다. 반대로 축소시키는 경우는

$$1 \div \frac{\sqrt{3}}{\sqrt{2}} = \frac{\sqrt{2}}{\sqrt{3}} = \frac{\sqrt{2} \times \sqrt{3}}{\sqrt{3} \times \sqrt{3}} = \frac{\sqrt{6}}{3} = \frac{2.44948974\cdots}{3}$$

$$= 0.81649658\cdots = 81.649658\cdots\% \fallingdotseq 81.6\%$$

따라서 B판을 A판으로 축소할 때는 81.6%로 설정하면 된다.

A판, B판 용지는 확대나 축소를 할 때 편리하도록 금강비를 사용한다. 하지만 그럴 필요가 없는 경우는 다른 비율을 쓴다. 예를 들어 엽서는 102mm×152mm이고 그 비율은 대략 2:3이다.

2 2

피라미드에 숨겨진 '황금비'와
도쿄 스카이트리에 숨겨진 '금강비'

이집트의 피라미드, 밀로의 비너스, 그리스의 파르테논 신전, 파리의 에
투알 개선문처럼 역사에 남은 예술은 언제나 우리의 마음을 사로잡는다. 이
미 알고 있는 분들도 있겠지만 이렇게 오랫동안 존경받는 예술 작품에는
어떤 법칙이 있다. 바로 디자인 비율이다.

예를 들어 피라미드는 밑변의 절반:빗변 = 1 : $\frac{1+\sqrt{5}}{2}$ 다. 숫자만 봐서는
어중간하게 느껴지지만 이 비율은 황금비로 불린다. 황금비는 앞서 말한 것
처럼 예술 작품에서 많이 볼 수 있다. 무심코 보게 되는 예술 작품의 비율에
수학적인 계산이 숨겨져 있었던 것이다.

여기서 등장한 $\frac{1+\sqrt{5}}{2}$ 라는 숫자는 이차방정식 $x^2 - x - 1 = 0$을 풀면 나타
난다.

이 이차방정식은 쉽게 풀리지 않으니 근의 공식이 필요하다. 일단 이차
방정식의 근의 공식을 확인하고 나서 답을 찾아보자.

2차 방정식의 근의 공식

$ax^2 + bx + c = 0$ $(a \neq 0)$ 일 때, $x = \dfrac{-b \pm \sqrt{b^2 - 4ac}}{2a}$

숫자가 적혀있지 않을 때는
1이 생략되어 있음

$a\,x^2 + b\,x + c = 0$

$x^2 - x - 1 = 0$

근의 공식에 $a = 1$ $b = -1$ $c = -1$ 을 대입해

$$x = \frac{-(-1) \pm \sqrt{(-1)^2 - 4 \times 1 \times (-1)}}{2 \times 1}$$

$$= \frac{1 \pm \sqrt{1+4}}{2} = \frac{1 \pm \sqrt{5}}{2}$$

$$\frac{1 + \sqrt{5}}{2} \quad \text{와} \quad \frac{1 - \sqrt{5}}{2}$$

두 개의 근이 나온다.

$\sqrt{5}$의 값은 $2.2360679\cdots$

$$\frac{1 + \sqrt{5}}{2} \fallingdotseq \frac{1 + 2.2360679\cdots}{2} = \frac{3.2360679\cdots}{2} \fallingdotseq 1.618034$$

$$\frac{1 - \sqrt{5}}{2} \fallingdotseq \frac{1 - 2.2360679\cdots}{2} = \frac{-1.2360679\cdots}{2} \fallingdotseq -0.618034$$

따라서 황금비는 이 두 개의 근 중에서 양의 값인

$$\frac{1+\sqrt{5}}{2} \fallingdotseq 1.618034$$

를 사용한다. 이 값을 소수 둘째자리에서 반올림하면

$$\frac{1+\sqrt{5}}{2} \fallingdotseq 1.6 = \frac{8}{5}$$

이 된다. 이것을 응용해서

$$1 : \frac{1+\sqrt{5}}{2} \fallingdotseq 1 : \frac{8}{5} = 5 : 8$$

로 계산해 황금비는 약 5 : 8이라고 한다.

근의 공식은 일상 생활에 아무런 쓸모가 없다고 생각했을지도 모른다. 하지만 예술 작품 등에 활용되고 있다는 것을 알게 됐으니 근의 공식에 대한 시각이나 생각이 달라지지 않았을까?

한편 동양의 예술 작품은 $1 : \sqrt{2}$, 즉 금강비를 사용한 경우가 많다. 금강비는 복사용지에도 사용될 정도로 실용성을 겸비하고 있다. 그렇기 때문에 '황금비로 치밀한 아름다움을 선택할 것이냐, 금강비로 실용적인 비율을 선택할 것이냐'하는 수학적으로 흥미로운 논의가 이루어지기도 한다.

일본에서는 한때 근의 공식이 교과서에서 사라진 적이 있었다. 이로 인해 '근의 공식을 배우지 않았던 세대'가 존재하게 되었다. 이 세대의 사람들에게 수학을 가르쳤을 때 $\sqrt{}$ 계산을 어려워하는 학생들이 많았다. 억지로라도 근의 공식을 배웠던 세대의 학생들은 '$\sqrt{12}$가 $2\sqrt{3}$이 되는 것'을 이해하고 계산할 줄 알지만 근의 공식을 배우지 않은 세대의 학생들은 계산을 수월하게 하지 못하는 것이다.

$$\sqrt{12} = \sqrt{2^2 \times 3} = \sqrt{2^2} \times \sqrt{3} = 2\sqrt{3}$$

634m

450m

1.414

1

도쿄 스카이 트리[3]는 특별 전망대 높이가 450m, 타워 전체 높이가 634m이기 때문에 1 : $\sqrt{2}$ 금강비에 가깝다. 특별 전망대 높이가 448m였다면 완벽한 금강비다.

---

3) 도쿄에 있는 일본에서 가장 높은 송신탑

이 같은 사례와 예술 작품에 숨어있는 황금비와 금강비를 보고도 여전히 '근의 공식 따위는 사회생활을 하는 데 쓸 일이 없으니 교과서에서 없애야 한다'고 주장하는 사람들이 있다. 그러면 그런 사람들은 왜 '없애야 한다'고 생각할 정도로 싫어하는 것일까? 그 이유는 아마도 복잡한 계산 때문일 것이다. 물론 $\sqrt{}$ 를 계산하는 게 귀찮다는 것은 이해한다. 하지만 이 복잡한 계산을 배움으로써 본인이 가진 계산 능력이 더욱 발전했다는 것을 잊지 않았으면 좋겠다.

제3장

'방정식'을 사용해 선입견에 빠지지 않기

중학교에서 배우는 방정식은

초등학생 때 무조건 외워서 했던 계산을 모두 보완해 준다.

방정식은 센스가 있거나 없거나를 떠나서

누구나 다룰 수 있는 강력한 도구다.

방정식을 알면 속기 쉬운 말에도 넘어가지 않게 된다.

비슷해 보이지만 알고 보면 다른
'할인'과 '포인트 적립'

'매월 1일에는 구매 금액의 10%가 포인트로 적립됩니다!'

이런 홍보 문구를 근처 마트나 가전제품 판매점, 인터넷 쇼핑 사이트 등에서 자주 볼 것이다. 한편,

'지금부터 시간 한정 세일을 진행합니다. 결제 시 10% 할인해 드립니다!'

같은 방송이 들려올 때도 있다. 그럴 땐 귀가 솔깃해져서 나도 모르게 이것 저것 사 버리게 된다. 그러나 10% 포인트 적립과 10% 할인은 비슷해 보이면서도 혜택 내용이 많이 다르다. 여기에서는 포인트 적립 혜택과 할인 혜택의 차이에 대해 파헤쳐 본다.

예를 들어 개당 10,000원인 프린터 잉크 카트리지를 10개 구입할 경우, 10% 할인과 10% 포인트 적립은 어떤 차이가 있는지 생각해 보도록 하자. 우선 잉크 카트리지 10개의 가격은 $10,000 \times 10 = 100,000$원이다.

10% 할인 받을 경우 $100,000 \times \dfrac{10}{100} = 10,000$원 할인이므로 $100,000 - 10,000 = 90,000$원에 구입이 가능하다.

포인트가 적립될 경우는 결제 금액이 100,000원이지만, $100,000 \times \dfrac{10}{100} = 10,000$원 상당의 포인트가 적립된다.

포인트는 이용할 때까지는 혜택이 발생하지 않는다. 그래서 적립된 10,000원 상당의 포인트를 즉시 사용해 잉크 카트리지를 1개 더 구입하기로 한다. 여기까지 정리하면

10% 할인 받을 경우 : 90,000원에 10개 구입

10% 포인트 적립될 경우 : 100,000원에 11개 구입

이렇게 된다.

이대로는 결제 금액과 구입 개수에 차이가 있어 비교하기 어렵기 때문에 1개당 가격을 비교해 보도록 하자.

그러면

10% 할인 받을 경우 : 90,000 ÷ 10 = 9,000원

10% 포인트 적립될 경우 : 100,000 ÷ 11 ≒ 9,091원

이 되어 10% 할인 받을 때 조금 더 저렴하게 구입할 수 있음을 알 수 있다.

방금 소개한 예시에서 10% 포인트가 적립될 경우 잉크 카트리지 11개를 구입할 수 있었다. 이것은 '10,000 × 11 = 110,000원 상당의 상품을 10,000 원 할인 받아 100,000원에 구입했다'고도 생각할 수 있다. 즉 '포인트 적립' 을 '할인'으로 변환해 볼 수 있는 것이다. 이때의 할인율을 계산해보면

$$\frac{10000}{110000} \times 100 ≒ 9.091\%$$

가 되므로 10% 포인트 적립은 9.091% 할인 받는 것과 같다. 이렇게 풀어보면 '할인이 혜택이 더 많다'는 것을 숫자로 확인할 수 있다.

이 사례의 할인 혜택 및 포인트 혜택을 정리하면 다음 페이지의 표와 같다.

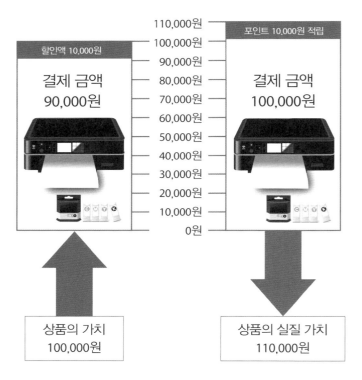

할인 상품의 경우   포인트 적립 상품의 경우

할인액 10,000원

결제 금액
90,000원

포인트 10,000원 적립

결제 금액
100,000원

110,000원
100,000원
90,000원
80,000원
70,000원
60,000원
50,000원
40,000원
30,000원
20,000원
10,000원
0원

상품의 가치
100,000원

상품의 실질 가치
110,000원

10%인 경우	상품 가격	할인액	결제 금액	적립된 포인트	상품 가격 + 적립된 포인트
할인	100,000원	10,000원	90,000원	–	–
포인트 적립	100,000원	–	100,000원	10,000원	110,000원

적립율	지불액	포인트 적립	가격+적립	할인율(%)
5%		5,000원 상당	105,000원	$\frac{5000}{105000} \times 100 = 4.761\%$
10%		10,000원 상당	110,000원	$\frac{10000}{110000} \times 100 = 9.091\%$
15%		15,000원 상당	115,000원	$\frac{15000}{115000} \times 100 = 13.043\%$
20%		20,000원 상당	120,000원	$\frac{20000}{120000} \times 100 = 16.667\%$
25%		25,000원 상당	125,000원	$\frac{25000}{125000} \times 100 = 20.000\%$
30%		30,000원 상당	130,000원	$\frac{30000}{130000} \times 100 = 23.077\%$
40%	100,000원	40,000원 상당	140,000원	$\frac{40000}{140000} \times 100 = 28.571\%$
50%		50,000원 상당	150,000원	$\frac{50000}{150000} \times 100 = 33.333\%$
60%		60,000원 상당	160,000원	$\frac{60000}{160000} \times 100 = 37.500\%$
70%		70,000원 상당	170,000원	$\frac{70000}{170000} \times 100 = 41.176\%$
80%		80,000원 상당	180,000원	$\frac{80000}{180000} \times 100 = 44.444\%$
90%		90,000원 상당	190,000원	$\frac{90000}{190000} \times 100 = 47.368\%$
100%		100,000원 상당	200,000원	$\frac{100000}{200000} \times 100 = 50.000\%$

'25% 포인트 적립'과 '20% 할인'의 혜택이 같다는 것을 확인할 수 있다. '100% 포인트 적립'과 '50% 할인'이 같다는 것은 바로 이해하기 힘들 수도 있다. 여기까지 소개한 것처럼 이해하기 힘든 사례를 보완하는 도구가 바로 수학이다.

이어서 표에는 없는 '30% 할인과 같은 포인트 적립률'이나 '40% 할인과 같은 포인트 적립률'을 구해보도록 하자.

30% 할인과 같은 포인트 적립률을 x%로 한다.

40% 할인과 같은 포인트 적립률을 y%로 한다.

표로 나타내면 다음과 같다.

적립률	$x\,\%\left(=\dfrac{x}{100}\right)$	$y\,\%\left(=\dfrac{y}{100}\right)$
결제 금액	100,000원	
포인트 적립	$100000 \times \dfrac{x}{100} = 1000x$	$100000 \times \dfrac{y}{100} = 1000y$
가격 + 적립	$100000 + 1000x$	$100000 + 1000y$
할인율	$\dfrac{1000x}{100000 + 1000x} \times 100(\%)$	$\dfrac{1000y}{100000 + 1000y} \times 100(\%)$
	30%	40%

30% 할인과 같은 포인트 적립율 x%를 구하시오.

$$\frac{1000x}{100000 + 1000x} \times 100 = 30 \quad \cdots\cdots\cdots\cdots\cdots\cdots 양변을 10으로 나누기$$

$$\frac{1000x}{100000 + 1000x} \times 10 = 3$$

$$1000x \times 10 = 3(100000 + 1000x) \quad \cdots\cdots\cdots\cdots 분모를 제거$$

$$10000x = 300000 + 3000x \quad \cdots\cdots\cdots\cdots\cdots 양변을 계산$$

$$10000x - 3000x = 300000 + 3000x - 3000x \cdots\cdots 양변에서 -3000x$$

$$7000x = 300000 \quad \cdots\cdots\cdots\cdots\cdots\cdots\cdots 양변을 계산$$

$$\frac{7000x}{7000} = \frac{300000}{7000} \quad \cdots\cdots\cdots\cdots\cdots 양변을 7000으로 나누기$$

$$x = \frac{300}{7} \fallingdotseq 42.857\%$$

따라서 30% 할인에 상당하는 것은 42.857%의 포인트 적립이 된다. 이와 마찬가지로 왼쪽 표에서 40% 할인과 같은 포인트 적립률 y%를 구해보자.

$$\frac{1000y}{100000 + 1000y} \times 100 = 40 \quad\cdots\cdots\cdots\cdots\cdots\cdots\text{양변을 10으로 나누기}$$

$$\frac{1000y}{100000 + 1000y} \times 10 = 4$$

$$1000y \times 10 = 4(100000 + 1000y) \quad\cdots\cdots\cdots\cdots\text{분모를 제거}$$

$$10000y = 400000 + 4000y \quad\cdots\cdots\cdots\cdots\cdots\text{양변을 계산}$$

$$10000y - 4000y = 400000 + 4000y - 4000y\cdots\cdots\cdots\text{양변에서} -4000y$$

$$6000y = 400000 \quad\cdots\cdots\cdots\cdots\cdots\cdots\cdots\cdots\text{양변을 계산}$$

$$\frac{6000y}{6000} = \frac{400000}{6000} \quad\cdots\cdots\cdots\cdots\cdots\cdots\cdots\text{양변을 6000으로 나누기}$$

$$y = \frac{400}{6} \fallingdotseq 66.667\%$$

이처럼 40% 할인에 상당하는 것은 66.667%의 포인트 적립이다.

참고로 포인트 적립은 돈으로 지불하는 이상 100% 할인, 즉 무료와 같아지지 않는다. 극단적인 예지만 90% 할인과 같은 포인트 적립률을 36페이지처럼 계산해보면 무려 900%나 된다.

포인트 적립률이 100%를 초과해 버리면 가게는 손해를 보게 되므로 영업에 차질이 생긴다. 그러므로 포인트 적립만으로 50%이상 할인하는 것은 어렵다. 지금까지 살펴본 예시에서 할인과 포인트 적립은 비슷한 것 같으면서도 다름을 알 수 있었다.

틀리기 쉬운 함정문제는
직감으로 풀지 말고 방정식으로 풀어내기

직감으로 풀면 분명히 틀릴 것 같은 수학 퀴즈는 흔하다. 이런 퀴즈는 방정식을 사용해 꼼꼼히 풀어야 한다. 방정식으로 어설픈 직감을 보완할 수 있는 것이다. 그럼 퀴즈를 풀어보자.

> 영화 관람권과 주스가 세트로 된 상품이 15,000원에 판매되고 있다. 영화 관람권이
> 주스보다 10,000원 비쌀 때 관람권의 가격은?

무의식적으로 관람권이 10,000원, 주스가 5,000원이라고 대답하지는 않았는가? 사실 나도 직감으로 이렇게 즉답했다가 틀린 적이 있다.

정답은 관람권이 12,500원, 주스가 2,500원이다. 바로 정답을 구한 사람이 있다면 너무나도 훌륭하다. 하지만 나처럼 틀린 분들은 방정식을 써보자. 퀴즈를 표로 정리한 것을 보면서 다시 한번 확인해 보도록 한다.

영화 관람권 가격	주스 가격	세트 가격
? 원	? 원	15,000원

10,000원 비쌈

여기서 주스 가격을 x원으로 하면 영화 관람권 가격은 주스보다 10,000원 비싸기 때문에 x+10,000원이 된다.

영화 관람권 가격	주스 가격	세트 가격
$x + 10{,}000$원	x원	15,000원

10,000원 비쌈

표를 바탕으로 방정식을 만든다. '영화 관람권 가격 + 주스 가격 = 세트 가격'이 되므로,

$$(x + 10000) + x = 15000$$

$$2x + 10000 = 15000 \quad \cdots\cdots\cdots\cdots\cdots\cdots \text{좌변의 x를 정리}$$

$$2x + 10000 - 10000 = 15000 - 10000 \quad \cdots\cdots\cdots\cdots \text{양변에서} - 10000$$

$$2x = 5000$$

$$\frac{2x}{2} = \frac{5000}{2} \quad \cdots\cdots\cdots\cdots\cdots\cdots \text{양변을 2로 나누기}$$

$$x = 2500$$

주스 값이 x = 2,500원이므로 영화 관람권 가격은 x + 10000 = 2500 + 10000 = 12,500원이다. 위쪽의 표에 숫자를 입력한 것은 다음과 같다.

영화 관람권 가격	주스 가격	세트 가격
12,500원	2,500원	15,000원

10,000원 비쌈

주택 담보 대출의 총 상환액을
제대로 파악하기

저금리 시대에는 지금이 바로 내 집 마련을 할 기회라고 생각하는 분이 많으리라 생각한다. 그렇지만 과연 그 때가 정말로 집을 구매하기 딱 좋은 타이밍일까? 이렇게 말하는 나도 저금리라고 하니 집을 보러 가기는 했다. 그럼 실제로 어느 정도의 금액을 부담하게 되는지 수학적으로 알아보자.

예를 들어 3억 원을 금리 1%, 35년 만기로 빌렸다고 생각해 본다. 이 경우 상환해야 할 총액을 계산하면 355,678,040원이 되며 5,000만 원을 넘는 이자를 갚게 된다. 5,000만 원 이상을 이자로 내야 한다면 아무리 저금리라고 해도 다시 생각하게 되기 마련이다.

그렇기 때문에 여기에서는 주택 담보 대출의 총 상환액을 계산하는 방법을 소개한다. 계산하기에 앞서 우선 용어의 뜻을 잘 파악해 두는 게 중요하다. 주택 담보 대출에서 금리라고 기재된 경우 이는 '1년 간의 금리'로 '연 이율'을 의미한다. 가령 금리 1% 정기 예금으로 300만 원을 저축한 경우 한 달 후 이자는

$$3000000 \times 1\% = 3000000 \times 0.01 = 30,000원$$

이 되는 것이 아니라

$$3000000 \times \frac{1\%}{12} = 3000000 \times \frac{0.01}{12} = 2,500원$$

이 된다. 이 연이율(1%)을 한 달 단위로 정한 이자($\frac{1\%}{12}$)가 월이자다. 주택 담보 대출은 매달 상환하기 때문에 월이자를 기준으로 계산해 나간다. 그렇게 계산할 경우

한 달 후의 상환 잔액

= (1 + 월이자) × 대출 금액 - 매월 상환액

이다. (1 + 월이자)를 r, 대출 금액을 M, 매월 상환액을 a로 하면 한 달 후의 상환 잔액 = $rM - a$ 로 나타낼 수 있다.

● 두 달 후의 상환 잔액

두 달 후의 상환 잔액

= (1 + 월이자) × (한 달 뒤의 상환 잔액) - 매월 상환액

= $r(rM - a) - a$

= $r^2M - ra - a$ (= $r^2M - a(r + 1)$)

이 식을 말로 표현하자면 다음과 같다.

두 달 후의 상환 잔액

= (1 + 월이자)^2 × 대출 금액 - (1 + 월이자) × 매월 상환액 - 매월 상환액

35년 만기일 경우 35 × 12 = 420개월 동안 계속 지불하므로, 420개월 후의 상환 잔액을 구한다. 이 계산을 반복하면 다음과 같다.

● 420개월 후의 상환 잔액

420개월 후의 상환 잔액

= $r^{420}M - a(r^{419} + r^{418} + \cdots + r^2 + r + 1)$

= $r^{420}M - \dfrac{a(r^{420}-1)}{r-1}$

녹색 테두리 부분은 43페이지에 소개해 둔 등비수열의 합 공식을 사용하고 있다. 420개월 후에 상환 잔액이 0이 되므로

$$0 = r^{420}M - \boxed{\dfrac{a\,(r^{420}-1)}{r-1}}$$

녹색 테두리 부분을 좌변으로 옮겨서

$$\dfrac{a\,(r^{420}-1)}{r-1} = r^{420}M$$

여기서 $\dfrac{r-1}{r^{420}-1}$ 을 양변에 곱하면

$$a = \dfrac{r-1}{r^{420}-1}\times r^{420}M = \dfrac{Mr^{420}(r-1)}{r^{420}-1}$$

이 식을 말로 표현하자면 다음과 같다.

$$\text{매월 상환액} = \dfrac{\text{대출 금액}\times(1+\text{월이자})^{420}(1+\text{월이자}-1)}{(1+\text{월이자})^{420}-1}$$
$$= \dfrac{\text{대출 금액}\times\text{월이자}\times(1+\text{월이자})^{420}}{(1+\text{월이자})^{420}-1}$$

$$= \dfrac{300000000\times\frac{0.01}{12}\times\left(1+\frac{0.01}{12}\right)^{420}}{\left(1+\frac{0.01}{12}\right)^{420}-1}$$

$$\fallingdotseq \dfrac{250000\times1.41886073121372}{1.41886073121372-1}$$

$$= \dfrac{354715.1828}{0.41886073121372} \fallingdotseq 846857$$

매월 846,857원 상환하기 때문에 35년간의 총 상환액은 846857 × 420 = 355,679,940원이 된다.

846,857원은 소수점 이하를 반올림한 값이기 때문에 정확한 총 상환액인 355,678,040원과는 약간의 차이가 있지만 이 오차는 첫 회나 마지막에 상환할 때 조정하는 경우가 많다.

덧붙여 주택 담보 대출을 신청할 때 조심해야 하는 것은 '총 3억 5000만 원을 내야 한다'고 들으면 큰 부담으로 느껴지는 반면 '한 달에 85만 원씩 낸다'로 생각하면 쉽게 느껴진다는 것이다. 아무리 큰 금액이라도 긴 기간으로 나누면 우리가 일상생활에서 접하는 작은 숫자로 바뀐다. 이런 현상은 '나눗셈으로 수를 줄이는 것'에서 일어난다.

따라서 주택 담보 대출을 포함한 할부나 리볼빙을 이용할 때는 나눗셈 후 줄어든 월 부담액만 보는 것이 아니라 반드시 총 상환액을 확인하는 것을 권장한다.

등비수열의 합 공식을 사용한 계산

$$S = r^{419} + r^{418} + \cdots + r + 1 \quad (r \neq 1) \qquad \cdots\cdots ①$$

양변에 r을 곱하기

$$rS = r^{420} + r^{419} + r^{418} + \cdots + r \qquad \cdots\cdots ②$$

②에서 ①을 빼면

$$rS - S = r^{420} - 1 \quad \longleftrightarrow \quad S(r-1) = r^{420} - 1$$

양변을 (r-1)로 나누기

$$S = \frac{r^{420} - 1}{r - 1}$$

'방정식'의 달인이었던 천재 소년 가우스

Column

지금으로부터 230여 년 전인 1,780년대에 한 소년이 교사가 제출한 문제를 순식간에 풀어 놀라게 한 일이 있었다. 그 주인공은 훗날 위대한 수학자가 되는 카를 프리드리히 가우스다. 가우스가 교사를 놀라게 한 문제는 다음과 같다.

'1부터 100까지의 자연수를 모두 더하면 얼마가 될까?'

가우스는 순식간에 이 문제를 풀어 '5050'이라고 답했다. 어떻게 그럴 수 있었는지 그 과정을 설명하자면 다음과 같다.

우선 1부터 100까지의 자연수를 모두 더하면 얼마가 될지 알아보기 위해 구하는 답을 x로 한다.

$x = 1 + 2 + 3 + \cdots 98 + 99 + 100$

이 방정식의 우변을 반대 순서로 써본다.

$x = 100 + 99 + 98 + \cdots 3 + 2 + 1$

이 두 개의 식을 더한다.

$$
\begin{array}{r}
x = 1 + 2 + 3 + \cdots\cdots\cdots\cdots + 98 + 99 + 100 \\
+ \underline{)\ x = 100 + 99 + 98 + \cdots\cdots\cdots\cdots + 3 + 2 + 1} \\
2x = 101 + 101 + 101 + \cdots\cdots 101 + 101 + 101
\end{array}
$$

101이 100개

$2x = 101 \times 100$

$2x = 10100$ ············· 우변을 계산

$\dfrac{2x}{2} = \dfrac{10100}{2}$ ········· 양변을 2로 나누기

$x = 5050$

제4장

최적의 조합을 알려주는 '이차 함수'

물건을 던졌을 때 그 물건이 그리는 곡선을 포물선이라고 한다.
이 포물선을 식으로 나타낸 것이 이차 함수다.
우리는 일상생활에서 자주 포물선을 보게 되는데
그때 이차 함수를 접하고 있는 것이다.
그럼 우리 생활 속에 녹아 있는 이차 함수를 찾으러 가보자.

'큐브형'인 단독주택이
많은 이유

　내 집을 사는 것은 인생 최대의 쇼핑 중 하나이다. 집은 고가이기 때문에 조금이라도 넓은 집을 싼 가격에 사고 싶은 마음은 누구나 있을 것이다.

　그렇다면 '집의 평면도가 넓어지는 경우'에 대해 생각해 보자. 여기에서는 평면도의 가로와 세로 길이의 합계가 16m가 될 때를 예로 들어 본다.

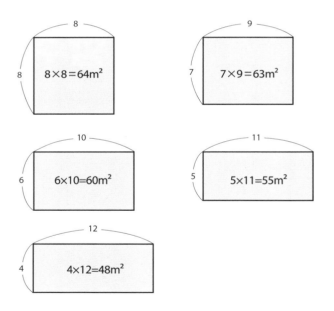

　그림으로 봤을 때 가로 길이와 세로 길이가 모두 8m인 정사각형의 경우가 가장 넓어질 것 같다.

그럼 실제로 계산해 보자. 가로 길이를 x(m)로 하면 세로 길이는 16 – x(m)가 되므로 건물의 면적은

$$x(16 - x) = 16x - x^2$$
$$= -x^2 + 16x = -(x^2 - 16x)$$
$$= -(x^2 - 16x + 64 - 64)$$
$$= -\{(x - 8)^2 - 8^2\} \qquad * \ x^2 - 16x + 64 = (x - 8)^2 \ 사용$$
$$= -(x - 8)^2 + 64$$

가 되기 때문에

가로 길이 : x = 8
세로 길이 : 16 – x = 16 – 8 = 8

일 때, 즉 정사각형의 경우에 최대 면적이 된다. 이런 정사각형의 건물을 주로 큐브형이라고 한다. 이처럼 '넓은 집을 저렴하게'를 실현하기 위해서도 수학이 사용되고 있다.

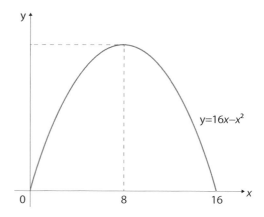

'BMI'를 구하는 계산은
'이차 함수 구하기'

y는 x의 제곱에 비례하고 x = 3일 때 y = 18이다.

y를 x에 관한 식으로 나타내시오.

예를 들자면 이런 문제다. 처음 등장하는 것은 중학교 3학년 수학 교과서였을 것이다. 문제에는 'y가 x의 제곱에 비례'한다고 되어 있기 때문에

$$y = ax^2 \cdots\cdots ①$$

이렇게 두고 x = 3, y = 18을 대입해 풀어본다.

$$18 = a \times 3^2$$
$$18 = a \times 9$$
$$a = 2$$

가 되므로 ①에 대입해

$$y = 2x^2$$

이 정답이다. 중학생이 처음 접하게 되는 이차 함수에 익숙해지기 위해서 필요한 문제다. 당시의 나처럼 이런 계산을 대체 어디에 쓰는지 의문을 가진 사람도 많을 것 같다.

그런데 의외의 곳에서 이 계산이 활용되고 있다. 바로 BMI(Body Mass Index)의 계산이다. 다른 말로 체질량 지수라고도 한다.

누구나 나이가 들수록 체중과 뱃살이 신경 쓰이기 시작한다. 건강 검진에서 의사에게 '살이 찌지 않도록 체중 관리에 신경 써 달라'는 말을 들으면 내 몸무게는 정상 범위일지, 뚱뚱한 건 아닐지 궁금해지는 법이다. 체격은 겉모습으로 판단할 수 있지만 주관적이므로 객관적인 기준인 숫자를 확인하고 싶어진다. 이럴 때 필요한 것이 바로 BMI다.

BMI는 벨기에 수학자 아돌프 케틀레가 통계 데이터를 활용해 제안한 지표로

$$체중(kg) \div (신장의 \ 제곱(m))$$

으로 확인할 수 있다. 여기서 키를 x, 체중을 y, BMI를 a로 바꾸면

$$a = y \div x^2 = \frac{y}{x^2}$$

이다. 양변에 x^2을 곱하면

$$ax^2 = y$$

가 되며 앞에서 본 이차 함수의 식이 나타난다. 즉 BMI를 구하는 것은 이차 함수를 구하는 문제를 푸는 것과 마찬가지다.

그럼 실제로 BMI를 구해 보자. BMI를 확인할 때 키는 우리가 평소에 사용하는 센티미터가 아니라 미터를 쓰기 때문에 단위를 변환해야 한다. 예를 들어 키가 150cm, 체중이 49.5kg인 사람의 BMI를 구할 경우에는 x = 1.5, y = 49.5를 대입해

$$BMI(a) = 49.5 \div (1.5)^2$$

$$= \frac{49.5}{1.5^2} = \frac{33}{1.5} = 22$$

이렇게 계산하면 된다. BMI가 22일 경우 통계상 질병에 잘 걸리지 않는다고 하므로 표준으로 잡는다. 이 지수를 사용해서 자신의 표준 체중을 확인해 보자. 키가 160cm인 사람의 표준 체중은 BMI(a) = 22, x = 1.6을 대입해 계산하면

$$체중(y) = 22 \times (1.6)^2 = 56.32(kg)$$

로 구할 수 있다.

대한비만학회는 BMI 수치가 18.5 미만인 경우를 저체중, BMI가 18.5 이상 23 미만인 경우를 정상 체중으로 삼는다. 대략적인 기준치는 아래에 있는 표와 같다.

평소에 BMI의 그래프를 보면 그래프 1처럼 일부분이 추출되기 때문에 이차 함수임을 떠올리기 어렵지만 그래프 2처럼 전체를 그리면 이차 함수의 그래프임을 확인할 수 있다.

BMI와 비만의 관계

상태	저체중	정상	1단계 비만	2단계 비만
BMI	18.4	22.0	25.0	30.0
150cm(1.50m)	41.4kg	49.5kg	56.3kg	67.5kg
155cm(1.55m)	44.21kg	52.9kg	60.1kg	72.1kg
160cm(1.60m)	47.1kg	56.3kg	64.0kg	76.8kg
165cm(1.65m)	50.09kg	59.9kg	68.1kg	81.7kg
170cm(1.70m)	53.18kg	63.6kg	72.3kg	86.7kg

그래프 1

(kg)
75
70
65
60
55
50
체중
1단계 비만
정상
저체중
1.4
1.5
1.6
1.7
1.8
신장
(m)

그래프 2

70
65
60
55
50
45
40
35
30
25
20
15
10
5
O
0.2
0.4
0.6
0.8
1
1.2
1.4
1.6
1.8
확대

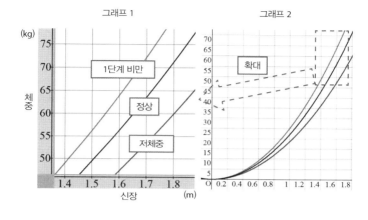

불꽃놀이의 잔상은 '포물선'

'퍼-엉!!'

어두운 밤에도 눈이 즐거운 축제를 꼽아 보자면 불꽃 축제가 있다. 각지에서 열리는 불꽃 축제는 구경하러 온 많은 사람들로 항상 북적인다. 불꽃을 쏘는 원리를 정확하게 설명하려면 전문적인 이야기를 해야 하지만 기본적으로는 공을 던지는 것이나 분수의 원리와 같다.

그렇기 때문에 불꽃의 궤적은 아래 그림과 같은 포물선을 그리는데 우리에게는 아름다운 원형으로 보인다. 여기에서는 불꽃이 가진 이런 신비함에 대해 알아보도록 하자.

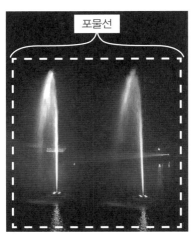

분수가 그리는 포물선

발사된 불꽃이 터진 후 중력이 작용하지 않는 이상적인 상황을 생각해 보면 다음 그림과 같이 원 모양으로 퍼지면서 빛난다.

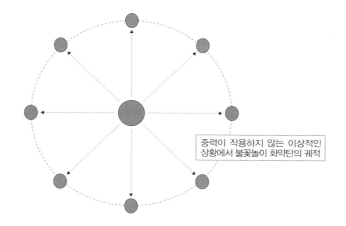

중력이 작용하지 않는 이상적인
상황에서 불꽃놀이 화약탄의 궤적

물론 지구에는 중력이 작용하고 있기 때문에 실제로는 폭발한 후 발사된 물체는 낙하했을 것이다. 그러나 각각의 물체가 일정한 거리만큼 형태를 유지한 채 떨어지게 되므로 원형이 되는 것이다. 그때 폭발한 물체가 낙하할 때까지를 하나씩 추적해 보면 다음 페이지의 그림처럼 실제로는 포물선으로 떨어지고 있다는 것을 확인할 수 있다.

그 이유는 중력 가속도를 g, 폭발한 후의 시간을 x라고 하면 낙하거리 y는

$$y = \frac{1}{2} g x^2$$

이 되어 이차 함수가 되었기 때문이다.

불꽃놀이 하면 원형으로 퍼지는 신비로운 빛이 떠오르지만 잔상을 바라보고 있으면 포물선이 나타나게 된다. 앞으로는 잔상의 포물선에 주목하며 불꽃놀이를 즐기는 것은 어떨까?

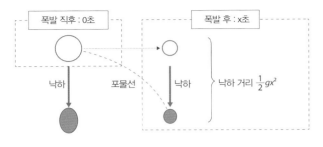

폭발 직후 : 0초

폭발 후 : x초

낙하

포물선

낙하

낙하 거리 $\frac{1}{2}gx^2$

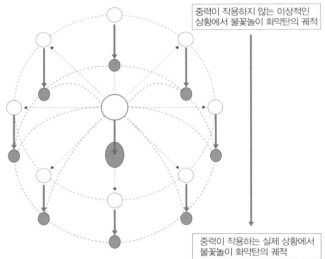

중력이 작용하지 않는 이상적인
상황에서 불꽃놀이 화약탄의 궤적

중력이 작용하는 실제 상황에서
불꽃놀이 화약탄의 궤적

일본 간몬 해협 불꽃 대회
(후쿠오카현, 야마구치현)

일본 히타 가와비라키 관광축제
'체감 불꽃놀이'(오이타현)

파라볼라 안테나와
전기난로의 공통점

내가 일찍이 재수생으로서 다녔던, 또 강사로도 근무한 입시학원인 요요기제미날에는 '사테라인'이라고 불리는 위성 통신을 이용한 강의가 있다. 이것은 도쿄에서 열리는 유명 강사의 강의를 전국 어디서나 들을 수 있는 매력적인 시스템이다. 요요기제미날에 있는 사테라인 안테나는 BS, CS[4]와 동일한 파라볼라 안테나가 사용되고 있는데 파라볼라(parabola)는 포물선이라는 뜻이다.

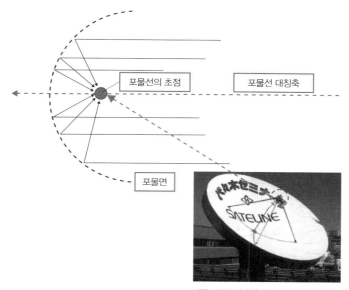

제공 : 요요기제미날

---

4) 일본의 위성방송. BS 는 방송위성을 사용하고 CS 는 통신위성을 사용해 방송된다.

포물선은 대칭축에 평행한 빛이나 전파를 포물면에서 반사시켜 초점이라고 불리는 한곳에 모으는 성질이 있다.

파라볼라 안테나는 이 원리를 이용해서 전파를 모으는데 이 원리를 반대로 이용한 것도 있다. 탐조등과 자동차의 헤드라이트, 할로겐 히터나 카본 히터 같은 전기난로 등이다. 모두 반사판을 사용함으로써 빛이 확산되지 않게 하고 특정한 부분에 강한 빛이 집중적으로 닿도록 하는 구조로 되어 있다. 빛이나 전파를 효율적으로 모으거나 비추기 위해서 포물선, 즉 이차 함수의 성질을 이용한 것이다. 이렇듯 우리 주변에는 여러 곳에서 이차 함수가 사용되고 있다.

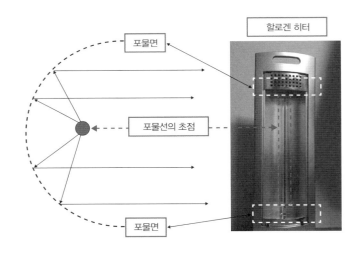

손전등도 앞서 말한 예처럼 빛이 확산되지 않게 하며 한 곳을 비추지만, 비상시에는 빛을 확산시키고 싶은 경우도 있을 것이다. 이럴 때는 그림 1과 같이 손전등에 비닐 봉투를 씌우면 된다. 단, 장시간 사용하면 비닐 봉투

가 뜨거워지므로 충분히 주의해야 한다. 그림 2처럼 물을 넣은 페트병을 손 전등 위에 올려서 빛을 확산시키는 방법도 있다. 작은 손전등일 경우에는 그림 3처럼 컵 안에 손전등을 넣고 그 위에 페트병을 놓아서 비추는 방법도 있고, 그림 4처럼 페트병에 손전등을 꽂아서 위에서 비추는 방법도 있다.

최근 핸드폰에는 손전등 기능이 있어서 같은 방법으로 빛을 확산할 수 있지만 밝기는 손전등보다 떨어진다(그림 5, 그림 6). 또한 비상시에는 핸 드폰이 중요한 연락 수단이 되므로 손전등을 별도로 준비해 놓는 것이 좋 다. 손전등을 쓸 때 보통 건전지가 필요하지만 건전지는 방전되기 때문에 장시간 방치하면 전지 용량이 떨어지게 된다. 따라서 물을 넣으면 충전되는 물전지[5]를 함께 준비하는 것도 좋을 것 같다.

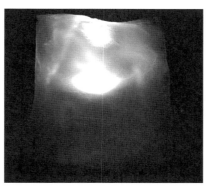

그림 1 손전등에 비닐 봉투를 씌우면 빛이 확산됨

그림 2 물을 넣은 페트병을 손전등 위에 올려도 빛이 확산됨

---

5) 일본에서 판매 중 . 한국 카이스트에서도 물전지를 개발했으나 아직 상용화되지는 않았다 .

그림 3 작은 손전등의 경우 컵 안에 넣고 그 위에 페트병을 놓으면 고정 가능

그림 4 작은 손전등을 페트병 입구에 꽂아 고정시키고 안에 있는 물을 비춰서 빛을 확산

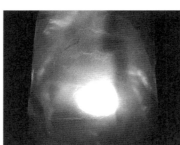

그림 5 '손전등 기능'을 사용하고 있는 핸드폰에 비닐 봉투를 씌웠을 때도 빛이 확산되지만 밝기는 손전등보다 떨어짐

그림 6 '손전등 기능'을 사용하고 있는 핸드폰을 페트병 아래쪽에서 비추었을 때도 빛이 확산되지만 손전등에 비해서는 밝기가 떨어짐

일차 함수로 나타내는 '공주거리'
이차 함수로 나타내는 '제동 거리'

새해를 맞이하면 여러 가지 행사와 일이 겹쳐 바빠지므로 평소보다 잦은 교통사고가 우려된다. 그래서 봄에는 각종 교통 안전 캠페인이 실시된다. 캠페인에서는 여러 안전 수칙을 홍보하지만 무엇보다 중요한 것은 속도 줄이기다.

속도 줄이기가 가장 중요한 이유는 자동차의 속도가 느리면 느릴수록 브레이크를 밟고 나서부터 정지할 때까지의 거리가 단축되어 안전하기 때문이다. 속도가 느릴수록 안전하다는 것은 누구나 직감적으로 이해할 것이다. 하지만 '어느 정도로 안전한가' 하는 질문에는 과연 얼마나 대답할 수 있을까? 자동차가 안전하게 정지하는 거리에도 수학의 원리가 숨어 있다. 여기에서는 자동차가 정지하는 것에 관한 수학의 원리를 찾아보도록 하자.

운전자가 브레이크를 걸기 위해 발을 가속 페달에서 브레이크 페달로 옮겨서 밟고 브레이크가 작동될 때까지의 시간을 공주시간, 그 사이에 차가 달리는 거리를 공주거리라고 한다. 또한 브레이크가 작동하기 시작하고 자

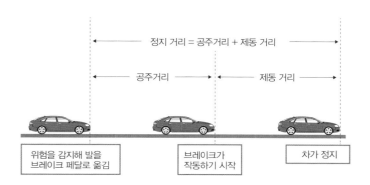

동차가 완전히 정지할 때까지의 거리를 제동 거리라고 한다. 차량이 정지하는 거리는 공주거리와 제동 거리를 합친 거리에서 구할 수 있다.

우선 공주거리부터 생각해 보자. 공주시간의 평균은 0.75초라고 알려져 있다. 그 내역은 다음 표와 같다.

공주시간	0.75초
가속페달에서 발을 옮길 때까지 걸리는 시간	0.4 ~ 0.5초
브레이크페달에 발을 올리는 시간	0.2초
페달을 밟는 시간	0.1 ~ 0.3초

공주시간을 파악하면 공주거리를 구체적으로 구할 수 있다. 단, 자동차의 속도계는 시속 ○km로 표시되므로 시속에서 초속으로 단위를 바꿔야 한다. 우리가 이동하는 거리를 생각할 때는 초속 □m도 자주 사용하기 때문에 시속을 초속으로 변환한 것을 아래 표에 정리했다.

시속과 초속의 관계

시속	초속	계산식
시속 10km	초속 2.78m	10×1000÷3600 = 2.77777…
시속 20km	초속 5.56m	20×1000÷3600 = 5.55555…
시속 30km	초속 8.33m	30×1000÷3600 = 8.33333…
시속 40km	초속 11.11m	40×1000÷3600 = 11.11111…
시속 50km	초속 13.89m	50×1000÷3600 = 13.88888…
시속 60km	초속 16.67m	60×1000÷3600 = 16.66666…
시속 70km	초속 19.44m	70×1000÷3600 = 19.44444…
시속 80km	초속 22.22m	80×1000÷3600 = 22.22222…
시속 90km	초속 25.00m	90×1000÷3600 = 25

1km = 1,000m

1시간= 60분= 60×60초= 3,600초

를 이용해 계산한다.

또한 시속과 초속의 관계는 수식으로 나타낼 수 있다. 시속을 x(km), 초속을 y_1(m)로 하면

$$x \times 1000 \div 3600 = y_1$$

$$\frac{x \times 1000}{3600} = y_1$$

$$y_1 = \frac{5}{18}x$$

로 나타낼 수 있다. (속도) × (시간) = (거리)이기 때문에 공주시간을 0.75라고 한다면 아래 표에서 공주거리를 구할 수 있다.

시속별 공주거리

시속	공주거리	계산식
시속 10km	2.08m	10×1000÷3600×0.75 = 2.083333···
시속 20km	4.17m	20×1000÷3600×0.75 = 4.166666···
시속 30km	6.25m	30×1000÷3600×0.75 = 6.25
시속 40km	8.33m	40×1000÷3600×0.75 = 8.333333···
시속 50km	10.42m	50×1000÷3600×0.75 = 10.41666···
시속 60km	12.50m	60×1000÷3600×0.75 = 12.5
시속 70km	14.58m	70×1000÷3600×0.75 = 14.58333···
시속 80km	16.67m	80×1000÷3600×0.75 = 16.66666···
시속 90km	18.75m	90×1000÷3600×0.75 = 18.75

시속과 공주거리의 관계식도 만들 수 있다. 시속을 x(km), 공주거리를 y_2(m)로 하면,

$$x \times 1000 \div 3600 \times 0.75 = y_2$$

$$\frac{x \times 1000}{3600} \times \frac{3}{4} = y_2$$

$$y_2 = \frac{5}{24}x$$

이렇게 나타낼 수 있다. 시속과 초속의 관계가 일차 함수이고, 공주거리는 초속에 0.75라는 상수를 곱했을 뿐이기 때문에 마찬가지로 일차 함수가 된다.

위의 표에 따르면 차량이 시속 60km로 주행하고 있을 경우 브레이크를 걸기 시작할 때까지 12.5m나 더 달려가 버린다. 실제로는 이 공주거리에 제동 거리가 더해지기 때문에 차량이 완전히 멈출 때까지의 거리는 더욱 늘어난다.

그렇기 때문에 다음에는 제동 거리를 구한다. 중력 가속도를 g=9.8, 마찰 계수를 μ, 시속을 x(km)로 하면 제동 거리 y_3(m)는

$$y_3 = \frac{1}{254.016\mu} x^2 \fallingdotseq \frac{1}{254\mu} x^2$$

이렇게 된다. 자세한 산출 방법은 나중에 기술하겠다.

마른 아스팔트나 콘크리트의 마찰 계수(μ)를 평균 0.7로 해서 위의 식을 사용하면 제동 거리는 다음 페이지의 위쪽 표와 같다.

공주거리와 제동 거리를 합쳐서 정리하면 다음 페이지의 아래쪽 표이다. 이 표를 참고로 하면 시속 60km의 경우 정지 거리는 30m를 초과하게 된다. 이런 사실을 고려하면 차간 거리는 40m, 시간으로 세면 3초 정도가 필요하다. 운전학원에서 강사가 차간 거리를 항상 유지하라고 강조하는 이유는 제곱에 비례하는 이 정지 거리이다.

시속별 제동 거리

시속	제동 거리	계산식
시속 10km	0.56m	$10^2 \div (254.016 \times 0.7) = 0.56239\cdots$
시속 20km	2.25m	$20^2 \div (254.016 \times 0.7) = 2.24958\cdots$
시속 30km	5.06m	$30^2 \div (254.016 \times 0.7) = 5.06155\cdots$
시속 40km	9.00m	$40^2 \div (254.016 \times 0.7) = 8.99831\cdots$
시속 50km	14.06m	$50^2 \div (254.016 \times 0.7) = 14.05986\cdots$
시속 60km	20.25m	$60^2 \div (254.016 \times 0.7) = 20.24619\cdots$
시속 70km	27.56m	$70^2 \div (254.016 \times 0.7) = 27.55732\cdots$
시속 80km	35.99m	$80^2 \div (254.016 \times 0.7) = 35.99323\cdots$
시속 90km	45.55m	$90^2 \div (254.016 \times 0.7) = 45.55394\cdots$

시속별 정지 거리(공주거리+제동 거리)

시속	공주거리	제동 거리	정지 거리
시속 10km	2.08m	0.56m	2.64m
시속 20km	4.17m	2.25m	6.42m
시속 30km	6.25m	5.06m	11.31m
시속 40km	8.33m	9.00m	17.33m
시속 50km	10.42m	14.06m	24.48m
시속 60km	12.50m	20.25m	32.75m
시속 70km	14.58m	27.56m	42.14m
시속 80km	16.67m	35.99m	52.66m
시속 90km	18.75m	45.55m	64.30m

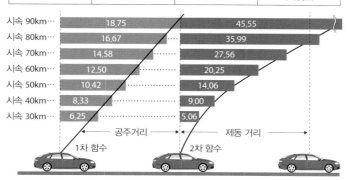

공주거리는 일차 함수, 제동 거리는 이차 함수로 나타난다

● 제동 거리 y_3의 계산방법

제동 거리를 구하기 위한 준비를 해보자. 중력 가속도를 g, 자동차의 질량을 m으로 한다. 자동차가 지면에 미치는 힘을 중력이라고 하며

$$(자동차의 질량) \times (중력 가속도) = mg$$

라고 나타낼 수 있다. 자동차의 힘이 지면에 일방적으로 가해지기만 한다면 자동차는 지면에 박혀 들어가 버릴 것이다.

그렇게 되지 않는 것은 지면이 수직 항력 N(Normal force)이라고 불리는 힘으로 자동차를 밀어내고 있기 때문이다. 이 관계를 식으로 나타내면

$$N = mg$$

이렇게 된다. 다음으로 운동 마찰력을 f, 운동 마찰 계수를 μ, 자동차의 가속도를 a, 자동차의 속도를 v, 브레이크가 작동하기 시작할 때의 속도를 v_0 로 한다.

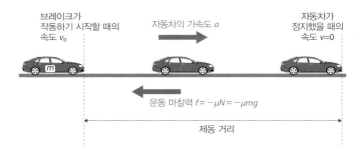

운동 마찰력은 (운동 마찰 계수)×(수직 항력)으로 구할 수 있으므로

$$f = -\mu N = -\mu mg$$

이것이 가속도 a, 질량 m인 자동차에 의한 힘 ma와 균형을 이룰 때의 조건은

$$ma = -\mu mg$$
$$a = -\mu g$$

여기서 고등학교 물리에서 배우는 아래의 공식(구하는 속도 v, 초기 속도 v_0, 이동 거리 y_3)을 사용한다.

$$v^2 - v_0^2 = 2ay_3$$

이번에 구하는 속도 v는 정지 속도이므로 v = 0이 되어

$$0^2 - v_0^2 = 2 \times (-\mu g) \times y_3$$

$$-v_0^2 = -2\mu gy_3$$

$$y_3 = \frac{1}{2\mu g}v_0^2$$

우리가 보통 배우는 공식으로 사용하는 속도는 '초속 vm(vm/s)'지만 자동차의 속도계에 표시되는 속도는 '시속 xkm(xkm/h)'이기 때문에 시속 x(km)와 초속 v(m)의 관계식을 구해보면

초속 v(m) = 분속 60v(m) = 시속 60×60v(m) = 시속 3600v(m)
= 시속 3.6v(km)

위의 관계로 x = 3.6v, $v = \dfrac{1}{3.6}x$가 된다.

중력 가속도 g=9.8로 해서 아래의 ①식에 대입하면

$$y_3 = \frac{1}{2\mu g}v^2 \quad \cdots\cdots ①$$

$$= \frac{1}{2\mu \times 9.8} \times (\frac{1}{3.6}x)^2$$

$$= \frac{1}{19.6 \times 3.6^2 \mu}x^2$$

$$= \frac{1}{254.016\mu}x^2$$

책에 따라 소수점 이하를 반올림해서

$$y_3 = \frac{1}{254\mu}x^2$$

라고 표기되어 있는 것이 많다. 또, 중력 가속도 g=10으로 해서

$$y_3 = \frac{1}{2\mu g}v^2$$

$$= \frac{1}{2\mu \times 10} \times (\frac{1}{3.6}x)^2$$

$$= \frac{1}{20 \times 3.6^2 \mu}x^2$$

$$= \frac{1}{259.2\mu}x^2$$

이렇게 계산한 후 소수점 부분을 반올림해

$$y_3 = \frac{1}{259\mu} \, x^2$$

이런 식으로 하는 경우도 있다. 식은 둘 다 같은 것을 나타내지만 중력 가속도 g를 9.8로 하느냐, 10으로 하느냐에 따라 계산 결과가 조금 달라진다.

가성비가 최악인 '지그재그 운전'

도쿄 역과 신오사카 역 사이의 거리는 550km나 된다. 하지만 2007년에 신칸센 열차의 신형 전동차를 도입한 후 감속하는 횟수를 줄여서 단축할 수 있게 된 시간은 고작 5분이다. 감속하는 횟수를 줄이는 것만으로 시간을 단축하는 것이 무척 어렵다는 의미. 이 사례를 보면 차선을 자주 변경해서 감속하는 횟수를 줄이는 지그재그 운전도 신호등이 많은 도로에서는 그다지 효과가 없다는 것을 알 수 있다. 속도를 높이면 시간을 단축할 수 있을 것 같지만, 지그재그로 운전해서 5초를 단축했다 하더라도 정지신호로 30초간 정지하게 되면 단축한 5초가 물거품이 되어 아무런 효과도 없어진다.

이렇듯 시간을 단축하는 데 가장 큰 영향을 주는 것은 정차 횟수와 정차 시간이다. 따라서 지그재그 운전은 효과가 없다는 것을 금방 알 수 있는데도 그렇게 운전하는 사람은 좀처럼 줄어들지 않는다. 그 이유는 아직 지그재그 운전으로 시간 단축이 가능하다고 생각하는 사람들이 많은 데다 그 위험성을 인지하지 못하고 있기 때문일지도 모른다. 앞지르기를 하는 데 필요한 거리와 시간을 구체적인 숫자로 구해본다면 지그재그 운전이 우리가 생각하는 것 이상으로 위험한 행위라는 것을 알 수 있다. 여기에서는 구체적인 예제를 통해서 앞지르기를 하는 데 필요한 거리나 시간을 구해 보자. 틀림없이 교통 안전 의식이 높아질 것이다.

● 예제

시속 50km로 앞을 주행하고 있는 승용차가 있다. 시속 70km로 앞지르기 위해 필요한 시간(t)과 거리(X)를 구하시오. 차량의 길이는 각각 5미터로 한다.

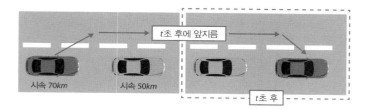

우선 시속 x(km)를 초속 v(m)로 단위 변환한다. 변환식은 앞서 66페이지에서 구해놓은

$$v = \frac{1}{3.6}x$$

를 사용한다.

시속 50km일 경우 x = 50을 대입해

$$(\text{초속})v = \frac{1}{3.6} \times 50 = \frac{50}{3.6} = \frac{500}{36} = \frac{125}{9}\,(\text{m})$$

가 된다.

시속 70km일 경우 x = 70을 대입하면

$$(\text{초속})v = \frac{1}{3.6} \times 70 = \frac{70}{3.6} = \frac{700}{36} = \frac{175}{9}\,(\text{m})$$

이다.

차간 거리를 A, 시속 50km로 앞을 주행하고 있는 승용차가 이동하는 거리를 y로 하면 위치 관계는 아래 그림과 같다.

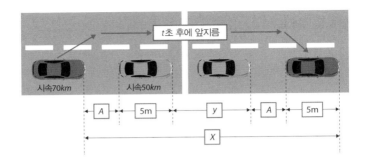

이 관계를 식으로 하면

X = A + 5 + y + A + 5 = 2A + 10 + y

가 된다. 시속 70km=초속 $\dfrac{175}{9}$ m로 달리는 차량이 t초 후에 이동하는 거리X는 '속도×시간'이므로

X = $\dfrac{175}{9}$ t

시속 50km=초속 $\dfrac{125}{9}$ m의 차량이 t초 후에 이동하는 거리 y는

y = $\dfrac{125}{9}$ t

가 된다. 시속 70km로 달리는 경우는 정지 거리가 42.14m이기 때문에(63페이지 아래쪽 표를 참조) 차간 거리 A를 50m로 설정하고 X = 2A + 10 + y 에 대입하면

$$\frac{175}{9} t = 2 \times 50 + 10 + \frac{125}{9} t$$

$$\frac{50}{9} t = 110$$

$$50t = 990$$

$$t = 19.8$$

이렇게 된다. 이 결과를 통해 시속 70km로 주행하고 있는 차량이 시속 50km로 주행하고 있는 차량을 앞지르려면 20초 가까이 걸리는 것을 알 수 있다. 그리고 이때 이동하는 거리는

$$\frac{175}{9} \times 19.8 = 385 (\text{m})$$

이다. 앞지르려면 주행 거리가 이만큼 필요하게 되는 셈이다. 물론 차간 거리를 좁히거나 앞지를 때 속도를 더 높이면 이동 거리를 단축할 수 있지만 그만큼 위험해진다.

   참고로 시속 50km로 달리는 차량을 시속 80km 및 90km로 앞지를 때까지의 시간과 거리를 구하면 다음 표와 같다. 시속을 높이면 차간 거리를 길게 잡아야 하기 때문에 앞지르기를 위해 필요한 거리는 300m 이상이 될 것이다. 아무리 지그재그 운전을 해도 시간이 단축되기를 기대하기가 어렵다. 무리하게 앞지르는 것은 사고의 원인이 될 수 있으므로 주의해서 모두가 안전하게 운전했으면 한다.

	차간 거리 설정	앞지르기를 위해 걸리는 시간	앞지르기를 위한 이동 거리
시속 70km	50m	19.8초	385m
시속 80km	60m	15.6초	346.6666m
시속 90km	70m	13.5초	337.5m

신칸센 '고다마'나 '히카리'는 주행속도가 느린 것이 아니다

Column

나는 신칸센[6] '고다마'를 좋아해서 하카타 역-고쿠라 역 구간을 자주 이용한다. 하카타 역-고쿠라 역 구간은 67.2km인데 신칸센 '노조미', '히카리', '고다마'[7] (규슈 신칸센의 경우 '미즈호', '사쿠라', '쓰바메'[8]) 중 어떤 열차를 타든 중간에 정차역이 없기 때문에 소요 시간은 크게 차이가 없다.

"노조미, 히카리, 고다마, 미즈호, 사쿠라, 쓰바메 중 어느 것을 타면 빨리 도착할 수 있어?"라는 질문을 받는 경우가 있는데 어느 것을 타도 16~17분정도 걸려 비슷하게 도착한다. 또한 장거리라도 정차역 수가 같다면 소요 시간에 큰 차이가 없다. 예를 들어, 오카야마역-신오사카역 사이는 약 180km인데 '사쿠라'와 '노조미'의 소요 시간은 모두 45분이다.

나는 '노조미와 고다마의 속도가 크게 차이가 없는데도 소요 시간은 큰 차이가 난다'는 것이 신기했기 때문에 하카타역에서 신오사카역까지 '고다마'를 타 본 적이 있다. 그때 장시간 '고다마'를 타면서 '역에 정차하고 출발할 때까지의 시간이 길다'는 것을 깨달았다. 가장 길게 정차한 역은 오카야마 역이고 26분이었다.

'노조미'와 '고다마'는 하카타 역-신오사카 역 구간에서 정차시간이 약 100분이나 차이가 난다. 즉, '고다마'는 '느린' 것이 아니라 '정차역이 많고 정차시간이 길기 때문에 시간이 걸린다'는 것이다.

---

6) 신칸센 : 일본의 고속 철도

7) 노조미 , 히카리 , 고다마 : 도쿄역과 신오사카역 사이를 운행하는 도카이도 신칸센의 열차 등급

8) 미즈호 , 사쿠라 , 쓰바메 : 하카타역과 가고시마츄오역 사이를 운행하는 규슈 신칸센의 열차 등급

커다란 것끼리 비교할 수 있는 '지수'와 '로그'

인류가 진화하면서 다루는 수의 규모도 커졌다.
긴 단어나 용어를 간결하게 추린 줄임말이 있듯이
수도 간결하게 나타내는 수단이 필요해진 셈이다.
거기서 등장한 것이 지수와 로그다.
지수와 로그가 간결하게 만든 세계를 살펴보자.

'약 60000000000000000000000000'를 알기 쉽게 표현하는 방법

'약 600000000000000000000000'라는 말을 듣고 무슨 말인지 바로 알아 들을 수 있는 사람이 과연 얼마나 있을까?

이것은 고등학교 화학에서 배우는 아보가드로수를 말하는데 '0'이 너무 많아서 어떤 수인지 이해하기가 어렵다. 쉼표를 넣어서 '약 600,000,000, 000,000,000,000,000'라고 해도 0과 쉼표가 많아서 이해하기 쉽지 않다. '일 십백천만⋯억조'로 이어지는 수의 단위를 사용해서 약 6,000해라고 표현해도 일상적으로 사용하지 않기 때문에 역시 알아듣기 어렵다.

아보가드로수처럼 일상 생활에서 잘 사용하지 않는 단위의 수는 너무 낯설다. 그래서 우리가 일상적으로 사용하는 수로 변환하는 도구인 지수와 로그가 필요한 것이다.

지수의 경우 약 600,000,000,000,000,000,000,000는 0이 23개 있기 때문에 한꺼번에

$$약\ 600{,}000{,}000{,}000{,}000{,}000{,}000{,}000 = 약\ 6 \times 10^{23}$$

으로 나타낸다. 이렇게 '단순하게 표현하자'는 발상이 바로 지수다.

물론 지수보다 더 간단하게 표현하는 방법도 있다. 약 600,000,000,000, 000,000,000,000는 0이 23개 있으니 '답을 23으로 하자'는 발상에서 나온 것이 로그다. 아보가드로수 6×10^{23}은 24자리이기 때문에 '자릿수에 주목한다'고도 볼 수 있다.

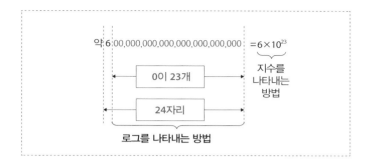

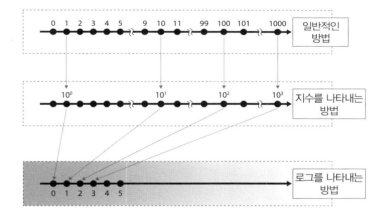

검색 엔진으로 유명한 회사라고 하면 Google이 떠오른다. Google 이름의 유래는 창업자 가운데 한 사람인 래리 페이지가 구골(googol)의 철자를 틀렸기 때문이라고 한다. 유래의 원인이 된 1구골은 10^{100}을 말한다.

제대로 표기하면 0이 100개 있으므로

'10,000,000,000,000,000,000,000,000,000,000,000,000,000,000,000,000,000,
000,000,000,000,000,000,000,000,000,000,000,000,000,000,000,000'

이렇게 된다. 안타깝게도 한자 문화권에서 사용하는 수의 최대 단위는 무량대수로 10^{68}이기 때문에 10^{100}에 크게 못 미친다. 고성능 컴퓨터가 보급되며 이런 어마어마한 수를 다룰 일이 늘어난 만큼 지수처럼 간략하게 나타낼 기회도 많아질 것이다. 참고로 한자 문화권에서 사용되는 수의 단위는 아래와 같다.

일(一)	10^0	구(溝)	10^{32}
십(十)	10^1	간(澗)	10^{36}
백(百)	10^2	정(正)	10^{40}
천(千)	10^3	재(載)	10^{44}
만(萬)	10^4	극(極)	10^{48}
억(億)	10^8	항하사(恒河沙)	10^{52}
조(兆)	10^{12}	아승기(阿僧祇)	10^{56}
경(京)	10^{16}	나유타(那由他)	10^{60}
해(垓)	10^{20}	불가사의(不可思議)	10^{64}
자(秭)	10^{24}	무량대수(無量大數)	10^{68}
양(穰)	10^{28}		

'킬로', '센티', '밀리'
자주 쓰는 단위에 숨어 있는 지수

5-1에서 큰 수를 간략하게 정리하는 방법으로 지수를 소개했다. 어쩌면 일상 생활에서 지수까지 사용할 일은 없다고 생각할 수도 있다. 그러나 너무 간략하게 정리한 나머지 숨겨져 있는 지수도 존재한다. 그것은 센티미터 (cm), 밀리그램(mg) 같은 단위의 앞쪽에 있는 센티(centi)나 밀리(milli) 등이다.

예를 들어 4-2에서 BMI를 계산하기 위해서는 신장의 단위를 센티미터 (cm)에서 미터(m)로 변환할 필요가 있었다. 그러므로

$$150cm = 1.5m$$

로 단위를 변환했다. 이 단위 변환은 대부분의 사람들에게 익숙하니 중간 계산을 생략했지만 원칙대로라면 단위를 변환할 때도 계산을 할 필요가 있다. 단위 변환 계산을 생략하지 않고 풀어보면 센티미터(cm)의 센티(c)는 '10^{-2}배($\times 10^{-2}$)'를 나타내는 기호이기 때문에

$$150cm = \boxed{150 \times 10^{-2}m = 150 \times 0.01m =} 1.5m$$

이렇게 된다. 이 식에서 알 수 있듯이 점선으로 표시된 상자 부분을 생략하고 있을 뿐 평소에도 지수를 접할 일은 많다. 이러한 예는 그 밖에도 여러 가지가 있다. 가령 시속과 분속의 단위를 변환할 때는

$$1km = 1000m$$

이런 식으로 단위를 변환한다. 킬로미터(km)의 k(킬로)는 '10^3배($\times 10^3$)'를 나타내는 기호이기 때문에

$$1\text{km} = 1 \times 10^3 \text{m} = 10^3 \text{m} = 1000 \text{m}$$

이다. 킬로미터(km)를 미터(m)로 변환하는 일은 아주 흔하다. 부동산 광고에서 '역까지 도보 10분' 같은 표기를 자주 볼 수 있는데 이것은 '도보를 분속 80m'로 생각하고 계산한 것이다. 이 관계를 이용해서 1시간=60분 걸었을 경우

$$80 \times 60 \text{m} = 4800 \text{m} = 4.8 \times 1000 \text{m} = 4.8 \times 10^3 \text{m} = 4.8 \text{km}$$

가 되므로 도보는 시속 4.8km라고 확인 할 수 있다.

또 하나 예를 들자면 자양강장제의 라벨 표기로 친숙한 '타우린 1000mg 함유'의 밀리(milli)는 '10^{-3}배($\times 10^{-3}$)'를 나타내는 기호이기 때문에

$$1000 \text{mg} = 1000 \times 10^{-3} \text{g} = 1000 \times 0.001 \text{g} = 1 \text{g}$$

이렇게 단위를 변환할 수 있다.

이러한 예에서 알 수 있듯이 우리가 평소에 무심코 사용하는 용어에도 지수가 숨어 있다. 지수를 숨기고 있는 친근한 기호를 정리하면 다음 표와 같다.

명칭	기호(영어)	곱하는 양
요타	Y(Yotta)	10^{24}
제타	Z(Zetta)	10^{21}
엑사	E(Exa)	10^{18}
페타	P(Peta)	10^{15}
테라	T(Tera)	10^{12}
기가	G(Giga)	10^{9}
메가	M(Mega)	10^{6}
킬로	k(kilo)	10^{3}
헥토	h(hecto)	10^{2}
데카	da(deca)	10^{1}
데시	d(deci)	10^{-1}
센티	c(centi)	10^{-2}
밀리	m(milli)	10^{-3}
마이크로	μ(micro)	10^{-6}
나노	n(nano)	10^{-9}
피코	p(pico)	10^{-12}
펨토	f(femto)	10^{-15}
아토	a(atto)	10^{-18}
젭토	z(zepto)	10^{-21}
욕토	y(yocto)	10^{-24}

'지수 함수'를 사용해서
'모두가 눈을 뜨고 있는 단체 사진' 찍기

모두를 웃겨주면서도 이런저런 생각을 하게 해주는 연구에 대해 주어지는 상으로 이그노벨상이라는 것이 있다. 이그노벨상은 노벨상을 패러디한 것인데 노벨상과 다른 점은 수학상이 있는 것이다. 이번에는 그 중에서 2006년에 수학상을 받은 'Blink - free photos, guaranteed'를 소개한다. 해석하자면 '눈을 감지 않은 사진을 보장해 드립니다.'이다.

단체 사진을 찍으면 한 두 명씩 눈을 감고 있는 경우가 종종 있다. 이 연구는 '아무도 눈을 감지 않은 사진을 찍으려면 몇 장을 찍어야 하는가'에 대한 공식을 만들어 실험한 것이다.

단체 사진의 인원 수를 n, 누군가 눈을 감았을 때 셔터를 눌러 허비한 시간을 t, 눈을 깜박이는 예상 횟수를 x로 할 때 아무도 눈을 감고 있지 않은 사진을 찍기 위해서는

$$\frac{1}{(1-xt)^n} \text{(번)}$$

촬영하면 된다.

논문의 저자는 이 공식이 '완벽한 사진을 찍기 위해서 필요한 횟수를 나타낸다'고 한다. 공식의 성립 과정을 '피사체 1명'을 촬영하는 경우부터 생각해 보도록 하자. 조건으로

'사람이 눈을 깜박이는 횟수는 1분=60초에 20회 정도'
'눈을 깜박이는 시간은 평균 300밀리초=0.3초'

로 한다.

보통 밝은 곳에서 촬영할 때 카메라의 셔터 시간 '약 8밀리 초', 어두운 곳에서 촬영할 때 카메라의 셔터 시간 '약 125밀리 초'를 '눈을 깜박이는 시간'에 더해서 '누군가 눈을 감았을 때 셔터를 눌러 허비한 시간(t)'으로 한다. 하지만 이번에는 간단하게 '누군가 눈을 감았을 때 셔터를 눌러 허비한 시간(t) = 눈을 깜박이는 시간'으로 한다. 이 조건으로

1초 동안 눈을 깜박이는 예상 횟수는 $\dfrac{20}{60} = \dfrac{1}{3}$ (번)

이 되기 때문에 카메라의 셔터를 누를 때 눈을 깜박이고 있을 확률은

(눈을 깜박이는 예상 횟수: x)×(눈을 깜박이는 시간: t)

$= \dfrac{1}{3} \times 0.3 = 0.1$

이다. 셔터를 누를 때 눈을 깜박이지 않는 확률은 전체 1=100%에서 빼면 되니

$1 - xt$

$= 1 - 0.1 = 0.9 (= 90\%)$

가 된다. 이 결과에서 눈을 깜박이지 않는 사진을 찍기 위해 필요한 횟수는

$\dfrac{1}{1 - xt}$

$= \dfrac{1}{0.9} = \dfrac{10}{9}$

$= 1.11111\cdots(번)$

이렇게 되기 때문에 한사람만 촬영할 때는 1~2장으로 충분할 것이다. 9명, 12명, 15명으로 인원이 많아지는 경우에는 $n = 9$, $n = 12$, $n = 15$로 해서 계산한다. 그럼 실제로 계산해 보자.

● 9 명을 촬영하는 경우($n = 9$)

$$\frac{1}{(1-xt)^9}$$

$$= \frac{1}{0.9^9}$$

$$= \frac{1}{0.387420489\cdots}$$

$$= 2.5811747917\cdots$$

그러므로 3장 정도 찍으면 된다.

● 12 명을 촬영하는 경우($n = 12$)

$$\frac{1}{(1-xt)^{12}}$$

$$= \frac{1}{0.9^{12}}$$

$$= \frac{1}{0.2824295365\cdots}$$

$$= 3.5407061614\cdots$$

약 4장 찍으면 완벽한 사진을 얻을 수 있다.

● 15 명을 촬영하는 경우(n = 15)

$$\frac{1}{(1-xt)^{15}}$$

$$= \frac{1}{0.9^{15}}$$

$$= \frac{1}{0.205891132\cdots}$$

$$= 4.8569357496\cdots$$

5장 정도 찍으면 모두 눈을 뜨고 있는 사진을 얻을 것이다.

'Blink-free photos, guaranteed' 논문에는 사진을 몇 장 찍을 것인지를 간단하게 구하는 방법도 함께 소개되어 있다.

● 20명 이하의 단체 사진일 경우

단체 사진의 인원수÷3 (어두운 장소일 경우 인원수÷2)

예
9명: 9÷3 = 3(장)
12명: 12÷3 = 4(장)
15명: 15÷3 = 5(장)

이 계산대로 촬영하면 눈을 깜박이는 사람이 없는 단체 사진을 얻을 수 있다고 한다. 데이터에서 산출된 공식인만큼 해당하는 장수의 사진을 찍으면 좋은 추억을 완벽하게 남길 수 있을 것이다.

'방정식'을 사용해 '다단계' 사기를 일목요연하게 알기

수학에는 서로 이웃하는 항의 비가 일정한 '기하급수'라는 개념이 있는데 이것을 범죄에 응용한 기술이 다단계이다.

다단계를 권유할 때 쓰는 상투적 문구에는 이런 게 있다. '한 달에 2명의 새로운 회원을 가입시키세요. 그러면 가입시킨 2명이 또 새로운 가입자를 2명씩 가입시킵니다. 그 새로운 회원이 내는 가입 비용의 일부가 소개 수수료로 당신에게 들어옵니다. 확실하게 수입이 발생합니다.'. 한 달에 2명 가입시키는 정도면 쉽다고 생각하게 만드는 것이 바로 다단계의 덫이다.

그러나 이 권유 방식은 조만간 반드시 벽에 부딪힌다. 왜 그렇게 되는지 그 과정을 계산해 보자. 한 달마다 2명을 회원으로 가입하게 할 경우 아래 그림처럼 회원이 많아진다.

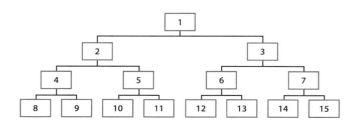

첫 달의 회원 수는 1명이지만 이 1명이 2명을 소개하기 때문에 두 달째 회원수 합계는 1 + 1×2 = 1 + 2 = 3명이 된다. 위 그림은 4개월 차까지의 회원 수를 표시한 것이다.

회원 수 합계는 2개월 차에 신규 가입한 2명이 2명씩 권유하므로 1 + 2 + 2 × 2 = 1 + 2 + 4 = 7명이 된다.

회원 수 합계는 3개월 차에 신규 가입한 4명이 2명씩 권유하므로 1 + 2 + 4 + 4 × 2 = 1 + 2 + 4 + 8 = 15명이 된다.

회원 수 합계는 4개월 차에 신규 가입한 8명이 2명씩 권유하므로 1 + 2 + 4 + 8 + 8 × 2 = 1 + 2 + 4 + 8 + 16 = 31명이 된다.

회원 수 합계는 5개월 차에 신규 가입한 16명이 2명씩 권유하므로 1 + 2 + 4 + 8 + 16 + 16 × 2 = 1 + 2 + 4 + 8 + 16 + 32 = 63명이 된다.

이렇게 회원 수를 늘리면 다음 페이지의 표와 같이 27개월 차에는 1억 3,400만 명을 넘어 대한민국 인구의 두 배를 훨씬 웃돌게 된다. 물리적으로 총 인구를 넘는 권유는 할 수 없기 때문에 머지않아 권유 자체가 성립이 되지 않는다.

다단계 권유 외에도 '허위 청구 같은 건 나와는 상관없는 일', '고전적인 사기 수법 따위에는 걸리지 않을 것'이라고 방심하는 틈을 타서 사기꾼이 다가온다. 막상 당사자가 되면 초조해져서 침착한 판단을 할 수 없게 되는 법이다. 그 상황에 침착하게 판단하기 위해서도 왜 있을 수 없는 일인가를 사전에 알아두는 것이 중요하다.

	권유 인원수	계산식
한달 차	1	1
2개월 차	$3(=2^2-1)$	$1+2$
3개월 차	$7(=2^3-1)$	$1+2+4$
4개월 차	$15(=2^4-1)$	$1+2+4+8$
5개월 차	$31(=2^5-1)$	$1+2+4+8+16$
6개월 차	$63(=2^6-1)$	$1+2+4+8+16+32$
7개월 차	$127(=2^7-1)$	$1+2+4+8+16+32+64$
8개월 차	$255(=2^8-1)$	$1+2+4+8+16+32+64+128$
9개월 차	$511(=2^9-1)$	⋮
10개월 차	$1023(=2^{10}-1)$	⋮
11개월 차	$2047(=2^{11}-1)$	
12개월 차	$4095(=2^{12}-1)$	
13개월 차	$8191(=2^{13}-1)$	
14개월 차	$16383(=2^{14}-1)$	
15개월 차	$32767(=2^{15}-1)$	
16개월 차	$65535(=2^{16}-1)$	
17개월 차	$131071(=2^{17}-1)$	
18개월 차	$262143(=2^{18}-1)$	
19개월 차	$524287(=2^{19}-1)$	
20개월 차	$1048575(=2^{20}-1)$	
21개월 차	$2097151(=2^{21}-1)$	
22개월 차	$4194303(=2^{22}-1)$	
23개월 차	$8388607(=2^{23}-1)$	
24개월 차	$16777215(=2^{24}-1)$	
25개월 차	$33554431(=2^{25}-1)$	
26개월 차	$67108863(=2^{26}-1)$	
27개월 차	$134217727(=2^{27}-1)$	

신문지를 '100번' 접었을 때의 높이

　나는 상상하기 어려운 것들을 생각할 때 활약하는 '도구'가 수학이라고 생각한다. 여기서는 신문지를 100번 접으면 높이가 얼마나 될까를 생각해 보자.

　신문지 1장의 두께를 0.05mm로 한다.

　1번 접으면, $0.05 \times 2 = 0.1$mm
　2번 접으면, $0.05 \times 2^2 = 0.1 \times 2$mm
　3번 접으면, $0.05 \times 2^3 = 0.1 \times 2^2$mm
　4번 접으면, $0.05 \times 2^4 = 0.1 \times 2^3$mm
　5번 접으면, $0.05 \times 2^5 = 0.1 \times 2^4$mm
　　⋮
　100번 접으면, $0.05 \times 2^{100} = 0.1 \times 2^{99}$mm
　n번 접으면, $0.05 \times 2^n = 0.1 \times 2^{n-1}$mm

　2^{99}를 컴퓨터로 계산하면 값은 대략 6.338253×10^{29}이 된다(정확히는 633 ,825,300,114,114,700,748,351,602,688). 1mm $= 0.001$m $= 10^{-3}$m이므로 100번 접었을 때 높이는

$$0.1 \times 2^{99}\text{mm} = 0.1 \times 6.338253 \times 10^{29}\text{mm}$$
$$= 10^{-1} \times 6.338253 \times 10^{29} \times 10^{-3}\text{m}$$
$$= 6.338253 \times 10^{25}\text{m}$$

가 된다. 백두산의 높이가 2,744m = 2.744×10³m, 에베레스트 산의 높이가 8,848m = 8.848×10³m이기 때문에 100번 접은 신문지의 높이에는 비교도 되지 않는다. 그럼 지구에서 멀리 있는 달, 태양, 해왕성까지의 거리와 비교하면 어떨까?

달까지의 거리: 약 384,400,000m = 3.844×10⁸m

태양까지의 거리: 약 149,600,000,000m = 1.496×10¹¹m

해왕성까지의 거리: 약 4,600,000,000,000m = 4.6×10¹²m

이기 때문에 달, 태양뿐만 아니라 해왕성에서 지구까지의 머나먼 거리조차 100번 접은 신문지의 높이에는 못 미친다는 셈이다. 이렇게 긴 거리를 비교할 때는 광년을 사용할 수 있다. 빛의 속도는 초속 299,792,458m로 1광년이란 빛이 1년 동안 진행하는 거리를 말한다. 구체적으로는

빛의 속도 = 초속 299,792,458m

= 분속 299,792,458m ×60 = 17,987,547,480m

= 시속 17,987,547,480m ×60 = 1,079,252,848,800m

= 하루에 진행하는 거리 1,079,252,848,800m ×24 = 25,902,068,371,200m

= 1년에 진행하는 거리(1광년) 25,902,068,371,200m ×365.25

= 1광년 9,460,730,472,580,800m ≒1광년 9.46×10¹⁵m

이렇게 된다. 빛이 진행하는 속도는 엄청나게 빠르기 때문에 '달까지 1.3초, 태양까지 8분 19초'에 도달한다. 계산 과정은

달: 3.844×10⁸m ÷299792458 = 1.282220382 ≒1.3초

태양: 1.496×10¹¹m ÷299792458 = 499.0118864 ≒499초 = 8분 19초

이다. 여기서 달에 1.3초, 태양에 8분 19초 만에 도달할 정도로 빠른 빛이

신문을 100번 접은 거리에 도달하는 데 얼마나 시간이 걸리는지를 계산하면

$$6.338253 \times 10^{25} \mathrm{m} \div 9.46 \times 10^{15} \fallingdotseq 6{,}700{,}056{,}025 \fallingdotseq 6.7 \times 10^{9}$$

이 된다. 10억 = 10^{9}이기 때문에 6.7×10^{9}는 67억년이다. 빛이 67억년 걸리는 거리라니 상상할 수 없을 정도로 엄청난 거리다.

신문지를 접어갈수록 '뛰어넘는' 것을 다음 페이지에 정리해 보았다.

에펠탑이 23번, 롯데 월드 타워가 24번, 백두산이 26번, 마라톤 거리조차 30번으로 훌쩍 뛰어넘어 버린다. 달까지 43번으로 도달하는 것은 놀라운 일이다. 20번대로 전 세계의 건축물과 산을 웃돌고 30번대로 마라톤과 트라이애슬론의 거리를 넘어섰다. 수십 번 접은 것만으로 다양한 것을 넘어버린다는 것은 상상하기 힘든 일일 것이다.

위 내용과 같이 2^{99}에 집중해서 정확하게 구하는 것도 하나의 방법이지만 대략적으로 구하는 방법도 있다. 그 방법이 바로 로그다. 여기서 로그를 복습 차 확인해 보자.

로그는 2^{99}의 99처럼 숫자 오른쪽 상단에 작게 써있는 '지수 부분만' 꺼내는 기호로 '곱셈 횟수만' 눈여겨 보는 기호다. 로그의 개념은 16세기 말에 등장했다. 당시는 지금처럼 컴퓨터는커녕 전자계산기조차 없던 시대였기 때문에

$$2^{99} = 633{,}825{,}300{,}114{,}114{,}700{,}748{,}351{,}602{,}688$$

이것을 계산하는 것도 여간 어려운 일이 아니었을 것이다. 이러한 시대 속에 지수 부분만 꺼내서 대략적으로 계산하는 로그는 항해술, 천문학 등에 널리 활용되었다. 덕분에 유럽에서는 3대 발견 중 하나라고 불릴 정도였다. 여기서는 로그에 대해 가볍게 알아보자.

우선은 로그 계산의 구조부터 살펴보도록 한다. 예를 들자면

횟수	신문지의 높이(거리)	비교하는 대상물	높이(거리)
1번	0.0001m	–	–
10번	0.0512m	–	–
20번	52m	에투알 개선문	50m
21번	105m	피사의 사탑	56m
		자유의 여신상	93m
22번	210m	부산 타워	120m
		기자의 대피라미드	139m
		스파이럴 타워	170m
23번	419m	모스코 타워	305m
		에펠탑	330m
		도쿄 타워	333m
24번	839m	롯데 월드 타워	555m
		도쿄 스카이트리	634m
		부르즈 할리파	828m
25번	1,678m	제다 타워(킹덤 타워)	1,007m(예정)
26번	3,355m	백두산	2,744m
27번	6,711m	후지 산	3,776m
28번	13,422m	에베레스트 산	8,848m
29번	26,844m	올림푸스 산 (화성)	21,229m
30번	53,687m	마라톤 거리	42,195m
31번	107,374m	100km 행군	100,000m
32번	214,748m	미국 울트라 마라톤 울트라 트레일, 몽블랑(UTMB)	161,000m(161km) 171,000m (171km)
33번	429,497m	아이언맨 트라이애슬론	225,995m
		스파르타슬론	245,300m(245.3km)
		트랜스 재팬 알프스 레이스	415,000m(415km)
34번	858,993m	캐논볼, 도쿄 · 오사카 구간 자전거 주행	550,000m(550km)
35번	1,717,987m	란도너스 자전거 완주 최대 거리	1,200,000m
37번	6,871,947m	달의 직경	3,474,300m
38번	13,743,895m	지구의 직경(적도면)	12,756,274m
39번	27,487,791m	만리장성(총연장 거리)	21,196,180m
40번	54,975,581m	지구의 원주(적도면)	40,077,000m
43번	439,804,651m	지구에서 달까지의 거리	384,400,000m
52번	225,179,981,369m	지구에서 태양까지의 거리	149,600,000,000m
57번	7,205,759,403,793m	지구에서 해왕성까지의 거리	4,600,000,000,000m

$2^x = 1$일 때 x = 0

$2^x = 2$일 때 x = 1

$2^x = 4$일 때 x = 2

이런 x 값들은 바로 알 수 있다.

$2^x = 3$일 때 x = ?

이것은 어떤가? 머리가 조금 복잡해질 것이다. 이럴 때 수학자들은 쉽게 나타내기 위한 기호를 만든다. 2^x의 x부분, 즉 지수 부분을 꺼내는 기호로 등장한 것이 로그(영어로 logarithm, 줄여서 log)다.

$2^x = 3$이 되는 x를 $\log_2 3$으로 나타낸다.

그러므로 $\log_2 3$이란 2를 몇 번 곱하면 3이 되는지를 나타낸 수치가 된다. 다른 경우도 로그로 생각해 보자.

'$2^x = 1$일 때 x = 0'에서 2를 1로 만드는 것은 0제곱이기 때문에 $\log_2 1 = 0$이다.

마찬가지로

'$2^x = 2$일 때 x = 1'이므로 $\log_2 2 = 1$

'$2^x = 4$일 때 x = 2'이므로 $\log_2 4 = 2$

'$2^x = 8$일 때 x = 3'이므로 $\log_2 8 = 3$

이다. 또한 로그는 '$\log_{10} 2^n = n\log_{10} 2$'와 같이 변형될 수도 있다.

그러면 '2^{99}'이 어느 정도의 크기가 되는지 대강 알아보기 위해서 로그를 사용해 보자.

$\log_{10}2 = 0.3010$, $10^{0.8} \fallingdotseq 6.3$으로 하기로 한다.

$\log_{10}2^{99} = 99\log_{10}2 = 99 \times 0.3010 = 29.799 \fallingdotseq 29.8$

이 식에서 2^{99}는 10을 29.8번 곱한 수, 즉

$$2^{99} \fallingdotseq 10^{29.8}$$

이 된다. $10^{0.8} \fallingdotseq 6.3$이므로

$$2^{99} \fallingdotseq 10^{29.8} = 10^{29} \times 10^{0.8} \fallingdotseq 6.3 \times 10^{29}$$

이렇게 대략적으로 구할 수 있다.

'규모 8' 지진과 '규모 9' 지진의
큰 차이

지진은 지하 암반에 어떤 힘이 가해짐으로써 에너지가 축적되어 버틸 수 없게 된 암반이 무너지면서 발생한다.

지진이 발생하면 뉴스에서 진도와 규모라는 두 개의 단어를 보게 되는데 진도는 각 지역의 관측소에서 측정된 흔들림을 수치로 만든 것이다. 한편 규모는 진원지에서의 지진 에너지 크기를 로그로 나타낸 값을 말한다.

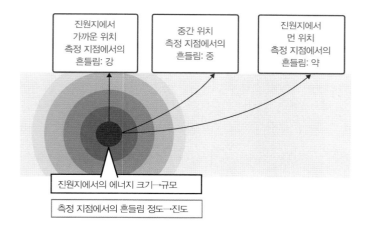

규모를 로그로 나타내는 이유는 지진이 발생했을 때의 에너지를 숫자로 직접 나타내면 우리가 평소에 잘 쓰지 않는 큰 값이 되어 버리기 때문이다. 예를 들어 '이번 지진의 에너지는 약 200만(줄)입니다' 라든가 '약 6300만(줄)입니다' 같은 식으로 보도되면 어떤 느낌이 들 것인가? 모두 너무 큰 숫자이기 때문에 대규모 지진을 상상하게 될 것이다. 하지만 지진 규모로 나

타내면 각각 1, 2 정도다. 그러니 지진의 에너지를 직접 나타내는 것은 그다지 좋은 방법이 아니다.

그렇다면 간결하게 표시하기 위해 지수를 사용해서 $2×10^6$이나 $63×10^6$ 이런 식으로 나타내면 어떨까? 이것도 이해하기 쉽지 않을 것이다. 지진의 에너지처럼 일상 생활에서 생소한 큰 수를 직접 나타내면 아무래도 와닿지 않는다. 이럴 때 우리가 쉽게 파악하기 위해 낯익은 수로 변환하는 도구가 바로 로그다.

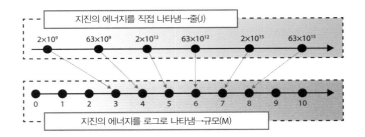

여기에서 규모를 나타내는 식을 소개한다. 지진의 에너지의 크기를 E, 규모를 M으로 하면 관계식은

$$\log_{10}E = 11.8 + 1.5 × M$$

이다. 구체적으로 계산하면 다음 표와 같다.

표에 표시된 것처럼 규모가 1단계 올라가면 에너지는 $10\sqrt{10}$배(약 32배), 2단계 올라가면 1,000배, 3단계 올라가면 $10^4\sqrt{10}$배(약 31,623배), 4단계 올라가면 1,000,000,배(100만배)가 된다. 이렇게 변화가 너무 크면 우리는 그 차이를 체감하지 못한다. 그렇다고 해서 어설프게 단계를 정해 버리면 나중에 문제가 생기기 때문에 규모처럼 로그 같은 수학 도구를 사용해서 단계나 레벨로 구분하는 것이다.

규모와 그 에너지

M	에너지(줄)	한국의 명명법에 따른 표기	거듭제곱 표기
1	$1,995,262 \times 10^7$	약 200만 erg	2×10^{13}
2	$63,095,734 \times 10^7$	약 6300만 erg	6×10^{14}
3	$1,995,262,315 \times 10^7$	약 20억 erg	2×10^{16}
4	$63,095,734,448 \times 10^7$	약 630억 erg	6×10^{17}
5	$1,995,262,314,969 \times 10^7$	약 2조 erg	2×10^{19}
6	$63,095,734,448,019 \times 10^7$	약 63조 erg	6×10^{20}
7	$1,995,262,314,968,880 \times 10^7$	약 2000조 erg	2×10^{22}
8	$63,095,734,448,019,300 \times 10^7$	약 6경 3000조 erg	6×10^{23}
9	$1,995,262,314,968,870,000 \times 10^7$	약 200경 erg	2×10^{25}
10	$63,095,734,448,019,300,000 \times 10^7$	약 6300경 erg	6×10^{26}

*erg = 10^{-7}줄

규모 1과의 비교

M	규모 1과의 비교	에너지(줄)
1	$10^0 = 1$배	$1,995,262 \times 10^7$
2	$10^{1.5} = 10\sqrt{10} \fallingdotseq 32$배	$63,095,734 \times 10^7$
3	$10^3 = 1,000$배	$1,995,262,315 \times 10^7$
4	$10^{4.5} = 10^4\sqrt{10} \fallingdotseq 31,623$배	$63,095,734,448 \times 10^7$
5	$10^6 = 1,000,000$배	$1,995,262,314,969 \times 10^7$
6	$10^{7.5} = 10^7\sqrt{10} \fallingdotseq 31,622,777$배	$63,095,734,448,019 \times 10^7$
7	$10^9 = 1,000,000,000$배	$1,995,262,314,968,880 \times 10^7$
8	$10^{10.5} = 10^{10}\sqrt{10} \fallingdotseq 31,622,776,602$배	$63,095,734,448,019,300 \times 10^7$
9	10^{12}배 $= 1,000,000,000,000$배	$1,995,262,314,968,870,000 \times 10^7$
10	$10^{13.5} = 10^{13}\sqrt{10}$배	$63,095,734,448,019,300,000 \times 10^7$

90%가 제거되어도 느껴지는
덜 마른 빨래의 '꿉꿉한 냄새'

빨래를 실내에 널었을 때 덜 마른 세탁물에서 나는 꿉꿉한 냄새가 좀처럼 빠지지 않아 고생한 경험은 없는가? 실제로 이런 고약한 냄새는 공기 청정기나 탈취제, 방향제를 사용해 양을 물리적으로 절반만큼 줄여도 사람의 감각으로는 느끼지 못한다고 한다. 이렇게 사람들이 느끼는 감각을 수식화한 법칙이 베버-페히너의 법칙이다. 냄새의 양을 물리적으로 반만큼 줄였을 때 사람은 어느 정도 줄었다고 느끼는지는 마지막에 소개하도록 한다.

● 베버-페히너의 법칙

R을 감각의 강도, S를 자극의 강도, C를 상수로 했을 때

$$R = C \log S$$

이렇게 표시한다.

덜 마른 세탁물에서 나는 불쾌한 냄새를 감각적으로 절반으로 줄이고 싶은 경우는 공기청정기나 탈취제, 방향제를 사용해 물리적으로 90% 제거해야 한다.

냄새를 감각적으로 $\dfrac{1}{3}$ 배로 줄이고 싶을 때는 물리적으로 99% 제거

냄새를 감각적으로 $\dfrac{1}{4}$ 배로 줄이고 싶을 때는 물리적으로 99.9% 제거

냄새를 감각적으로 $\dfrac{1}{5}$ 배로 줄이고 싶을 때는 물리적으로 99.99% 제거

하지 않으면 안 된다. 그럼 구체적으로 구해 보자. 베버-페히너의 법칙은 쉽게 계산할 수 있게 $R=10\log_{10}S$로 둔다. 상용로그표를 사용하면

$$\log_{10}3 = 0.4771$$
$$\log_{10}5 = 0.6990$$

이 된다. 계산한 결과는 다음 표와 같다.

자극의 강도 (S)	감각의 강도 (R)
1	0.000
10	10.000
30	14.771
50	16.990
100	20.000
300	24.771
500	26.990
1000	30.000
3000	34.771
5000	36.990
10000	40.000
30000	44.771
50000	46.990
100000	50.000

예를 들어 냄새의 '자극의 강도(S)'를 100에서 10으로, 즉 90% 제거했다

고 하면 사람의 감각은 20에서 10으로 변화하기 때문에 '냄새가 반으로 줄었다'고 느낀다.

마찬가지로 자극의 강도(S)를 1000에서 10으로 99% 제거했을 경우 사람의 감각은 30에서 10으로 변화하므로 냄새는 $\frac{1}{3}$이 되고, 10000에서 10으로 99.9% 제거하면 냄새는 $\frac{1}{4}$로 줄어든다. 100000에서 10으로 99.99% 제거했을 때 사람의 감각은 50에서 10이 되므로 냄새가 $\frac{1}{5}$이 되었다고 느끼게 된다.

이 방법으로 '냄새의 양을 물리적으로 절반만큼 줄였을 때 사람은 냄새가 어느 정도 줄었다고 느끼는지' 답을 구해 보자.

냄새의 '자극의 강도(S)'를 100에서 50, 즉 50% 제거했을 경우 사람의 감각은 20에서 16.99로 변화하므로 냄새는 $\frac{16.99}{20}$≒0.85＝85%가 되었다고 느끼게 된다. 그러므로 줄었다고 느끼는 비율은 약 15%로 계산할 수 있다.

악취 성분을 90% 제거할 수 있는 고성능 공기청정기를 설치해도 반정도밖에 효과를 느끼지 못한다고 낙담하는 분도 있을 것이다. 하지만 실질적으로 악취 성분 자체는 90%가 제거되는 셈이다. 사람의 감각이 로그와 관련되어 있는 것은 신기한 일이다. 우리의 감각이 자극의 감소에 비례해서 감소하지는 않는 것이다.

가운데 '라'의 주파수가 440Hz라면
1옥타브 위의 '라'의 주파수는 880Hz

우리가 평소에 듣는 소리에도 로그가 숨어 있다는 것을 아는가? 음악 시간에는 '도, 레, 미, 파, 솔, 라, 시, 도'의 음계를 배운다. 그런데 음계의 법칙을 처음 발견한 것은 '피타고라스의 정리(2-1 참고)'로 알려져 있는 피타고라스라고 한다.

소리에는 높게 느끼는 소리와 낮게 느끼는 소리가 있다. 중학교 과학 시간에는 음원의 진동수=주파수의 높이가 소리의 높이와 관계가 있다고 배운다. 그래서 진동수와 소리의 관계를 살펴봤더니 여기에도 로그가 등장하는 것이다.

피아노의 한가운데에 있는 '라'의 주파수 f = 440Hz로 했을 때 '1 옥타브 위의 라'의 주파수 2f = 880Hz이며 그 사이의 주파수는 12등분 해서 정한다. 이렇게 음계를 정하는 방법을 '평균율 음계'라고 하는데 이 평균율 음계는 결정 방법을 보면 알 수 있듯이 소리의 조화가 아니라 수학적인 형식을

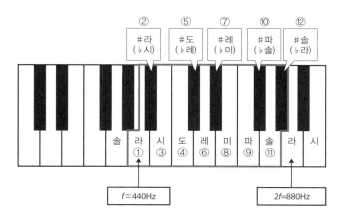

우선으로 해서 만들어져 있다.

피아노의 한가운데 '라'부터 1옥타브 위의 '라' 까지를 12등분해 정하기 때문에 한가운데 '라' 옆 '#라'의 진동수는

$$2^{\frac{1}{12}} = 1.05946309435929526456182529495$$
$$≒1.06배$$

이다. '#라'의 진동수를 계산하면

$$440 \times 2^{\frac{1}{12}} = 466.16376151808991640720 3129756$$
$$≒466.2Hz$$

가 된다. 위에서 표시한 관계를 그래프로 나타내면 다음과 같다.

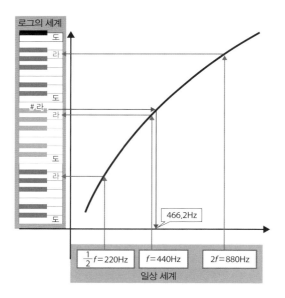

'6등성'보다
약 100배나 밝은 '1등성'

로그는 사람의 감각에 맞춰져 있기 때문에 우리 주변에도 여러 가지 구체적인 예가 있다. 예를 들어 밤하늘에 빛나는 별은 밝기에 따라 1등성, 2등성처럼 등급으로 나눠져 있다. 이것이 그저 직감으로 분류되어 있는 것은 아니다. 주관적으로 분류하게 되면 사람마다 차이가 있기 때문에 기준이 통일되지 않을 것이다. 그러므로 차이가 발생하지 않게 수식을 이용해 별을 분류한다. 여기서 로그를 활용하게 된다.

19세기 영국의 천문학자 노먼 포그슨이 각각의 별의 빛 양을 정확히 측정해서 '1등성의 밝기는 6등성의 약 100배임'을 확인했다. 그리고 1등급의 차이는

$$100^{\frac{1}{5}} = 2.5118864315\cdots ≒2.512배$$

정도가 된다고 정해졌다. 예를 들어 6등성 빛의 양을 L이라고 하면 5등성 빛의 양은 $100^{\frac{1}{5}}$(≒2.512)배로 한 $100^{\frac{1}{5}} \times L$(≒2.512L)이 된다. 이 관계를 그래프로 나타내면 다음과 같다.

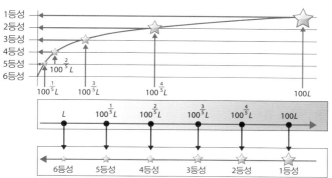

별의 밝기를 직접 숫자로 나타냄

수를 '0제곱' 하면 '1'이 되는 이유

Column

'0제곱' 하면 1이 되는 것은 수학의 규칙이며 정의라고도 할 수 있다. 하지만 규칙이라고 해도 납득이 가지 않으면 불만이 생길 것이다. 그렇기 때문에 여기에서는 몇 가지 예를 소개하면서 0제곱이 1이 되는 과정을 살펴본다. 먼저 다음 예시를 보자.

$$10^3 = 1000$$
$$\div 10$$
$$10^2 = 100$$
$$\div 10$$
$$10^1 = 10$$

그러면 다음에 오는 것은 '$10^0 = 1$'이라고 정의하는 것이 자연스러운 흐름이다. 또 다른 방법도 있다. 거듭제곱이란 '어떤 수'에 같은 수 혹은 같은 문자를 '여러 번 곱하는 것'이다. 수학에서 계산을 하다 보면 '어떤 수'가 안 보이는 경우가 있는데 이 때는 1이 생략되어 있는 것이다. 이것은 곱하기를 할 때 '$1 \times$'나 '$\times 1$'을 생략할 수 있기 때문이다. 그러므로 이 1을 써넣는다.

$$10^1 = 10 = 1 \times 10$$
$$10^2 = 10 \times 10 = 1 \times 10 \times 10$$
$$10^3 = 10 \times 10 \times 10 = 1 \times 10 \times 10 \times 10$$

이 규칙에 따르면 10의 0제곱은 '1에 10을 0번 곱하는 것'이 되므로 $10^0 = 1$이 된다. '아무것도 곱하지 않는다'는 것은 '0을 곱하는 것'이 아니다. 0을 곱하면 답은 0이 되어 버린다. '아무것도 곱하지 않는다'는 것은 '1을 곱하는 것'과 같다고 볼 수 있다.

제6장

인간에게는 어렵지만 기계가 다루기 쉬운 '이진수'

'0'과 '1'만을 사용하는 단순한 세계가 이진법이다.
이 단순한 세계가 컴퓨터를 탄생시키고
우리 생활이 편리해졌다.
이진법이 사용되고 있는 곳을
일상생활 속에서 찾아보자.

게임 속 공격력의 최고 수치가
어중간한 숫자 '255'인 이유

나는 어린 시절 패미컴[9] 판 '드래곤 퀘스트'나 '파이널 판타지' 같은 롤플레잉 게임을 즐겨했다. 그런데 어린 마음에도 '왜 주인공의 공격력은 최고치가 255인가?', '왜 경험치나 골드의 최고치는 65535인가?' 이런 것들이 궁금했다. 딱 떨어지는 100이나 최대치가 될 만한 999 같은 수가 아닌 것이 의아했던 것이다.

255나 65535는 얼핏 보면 어중간하게 느껴지는 숫자다. 하지만 기억나는 분도 있을 거라고 생각한다. 5-4의 다단계 권유 인원수 부분에서 등장한 숫자가 바로 이것이다.

그 외에도 자주 보이는 숫자이기 때문에 이 숫자가 드래곤 퀘스트에서 우연히 등장했다고 보기는 어렵다. 아마도 따로 이유가 있을 것이다. 그럼 여기서 이 255나 65535가 사용되는 이유를 찾아보도록 한다. 그 전에 먼저 우리가 평소에 사용하는 숫자에 대해 설명하겠다.

●이진법의 세계에서는 100이나 999가 어중간한 숫자

우리가 평소에 사용하는 '0, 1, 2, 3, 4, 5, 6, 7, 8, 9'의 10개 숫자를 사용해서 나타내는 방법을 십진법이라고 한다. 우리는 십진법에 익숙하지만 일상생활 속에서 접하는 모든 것이 십진법이라고는 할 수 없다. 우리에게 있어서 보기 편한 숫자가 다른 세계에서는 보기 편한 숫자가 아닐 수도 있다.

위에 예로 소개한 패미컴은 컴퓨터 중 하나로 '0'과 '1' 두개 숫자를 사용하는 이진법으로 이루어지는 세계다. 따라서 우리가 생각하는 보기 편한 숫자와 컴퓨터의 세계에서 사용되는 적당한 숫자에는 차이가 있는 것이다. 그

---

9) 1980년대에 일본 닌텐도에서 출시한 가정용 게임기 '패밀리 컴퓨터'의 줄임말

럼 여기서 255나 65535가 이진법을 사용하는 컴퓨터의 세계에서는 쓰기 적당한 숫자가 되는 이유를 알아보자.

십진법에서 사용하는 0은 이진법에서도 0이다.

십진법에서 사용하는 1 역시 이진법에서도 1로 나타낸다.

십진법에서 사용하는 2는 이진법에서는 2로 나타낼 수 없기 때문에 자릿수가 하나 더 늘어 10이 된다.

십진법에서 사용하는 3은 이진법에서 10 다음 숫자이기 때문에 11이다.

십진법에서 사용하는 4는 이진법에서는 11 다음 숫자이기 때문에 자릿수가 하나 더 늘어 100이 된다.

이렇게 하나하나 변환한 것을 표로 만들면 다음 페이지 표와 같다.

다음 페이지 표와 같이 하나하나 변환하면 255나 65535가 이진법으로 어떻게 나타나는지 구할 수는 있으나 굉장히 힘든 작업이다. 그렇기 때문에 직접 계산해서 변환하는데 이때 하나 알아두어야 한다. 우리가 평소에 사용하는 십진법의 표기에는 생략된 것이 있다. 예를 들어 4871을 말할 때는 '사천팔백칠십일'이라고 하지만 쓸 때는 천, 백, 십, 일 같은 자리 부분은 생략한다. 이 자리 부분까지 정확하게 쓰면

$$4871 = 4000 + 800 + 70 + 1$$

이렇게 된다. 이 식을 바꿔쓰면

$$4871 = 4 \times 1000 + 8 \times 100 + 7 \times 10 + 1$$

이 되고

$$4871 = 4 \times 10^3 + 8 \times 10^2 + 7 \times 10^1 + 1 \times 10^0$$

과 같다. 이것을 보면 십진법은 '10^n(10의 거듭제곱)을 사용해서 나타낸다'고 할 수 있다. 즉 우리가 평소에 사용하고 있는 표기는 '10^n의 계수'만 사용하고 나머지는 생략해서 나타내고 있는 것이다.

십진법과 이진법

십진법	이진법	십진법	이진법
1	1	33	100001
2	10	34	100010
3	11	35	100011
4	100	36	100100
5	101	37	100101
6	110	38	100110
7	111	39	100111
8	1000	40	101000
9	1001	41	101001
10	1010	42	101010
11	1011	43	101011
12	1100	44	101100
13	1101	45	101101
14	1110	46	101110
15	1111	47	101111
16	10000	48	110000
17	10001	49	110001
18	10010	50	110010
19	10011	51	110011
20	10100	52	110100
21	10101	53	110101
22	10110	54	110110
23	10111	55	110111
24	11000	56	111000
25	11001	57	111001
26	11010	58	110010
27	11011	59	111011
28	11100	60	111100
29	11101	61	111101
30	11110	62	111110
31	11111	63	111111
32	100000	64	1000000

● 십진법에서 이진법으로 변환하는 계산방법

그럼 여기에서 쉽게 십진법에서 이진법으로 변환할 수 있는 계산 방법을 소개한다. 우선은 십진법으로 생각하자. 앞에서 소개한 예에도 등장한 '4871'을 '10'으로 나눗셈을 하면

$$4871 \div 10 = 487 \cdots 1$$

이 된다. 식을 변형시키면

$$4871 = 10 \times 487 + 1 \cdots\cdots ①$$

이 되고 그 다음에 '487'을 '10'으로 나누면

$$487 \div 10 = 48 \cdots 7$$

이 된다. 다시 식을 변형시켜서

$$487 = 10 \times 48 + 7 \cdots\cdots ②$$

로 만들고 '48'을 '10'으로 나누면

$$48 \div 10 = 4 \cdots 8$$

이다. 또 식을 변형시키면

$$48 = 10 \times 4 + 8 \cdots\cdots ③$$

이 된다. 여기서 ③을 ②에 대입하면

$$487 = 10(10 \times 4 + 8) + 7$$
$$= 4 \times 10^2 + 8 \times 10 + 7$$

이다. 이것을 ①에 대입하면

$$4871 = 10 \times 487 + 1$$
$$= 10(4 \times 10^2 + 8 \times 10 + 7) + 1$$

이렇게 식을 변형시킬 수 있다. 이것이 아래 그림이다. 아래로부터 순서대로 읽어 가면 '4871'이 된다.

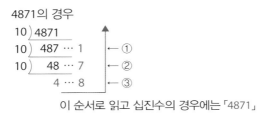

4871의 경우

이 순서로 읽고 십진수의 경우에는 「4871」

이진법으로 변환하는 경우는 동일하게 '2'로 나눗셈한다.

컴퓨터로 사용되는 이진법은 '2ⁿ(2의 거듭제곱)을 사용해서 나타내기 가능'하므로 255나 65535를 이진법으로 나타내면

255의 경우

이 순서로 읽고 이진수의 경우에는 「11111111」

65535의 경우

이 순서로 읽고 이진수의 경우에는 「1111111111111111」

이렇게 된다. 마찬가지로 100이나 999를 이진법으로 나타내면

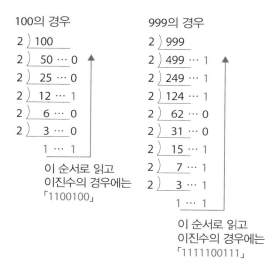

100의 경우

2) 100
2) 50 … 0
2) 25 … 0
2) 12 … 1
2)   6 … 0
2)   3 … 0
        1 … 1

이 순서로 읽고
이진수의 경우에는
「1100100」

999의 경우

2) 999
2) 499 … 1
2) 249 … 1
2) 124 … 1
2) 62 … 0
2) 31 … 0
2) 15 … 1
2)   7 … 1
2)   3 … 1
        1 … 1

이 순서로 읽고
이진수의 경우에는
「1111100111」

이며 이진법의 세계에서는 모두 어중간한 수가 된다. 컴퓨터는 어중간한 숫자를 최대치로 설정하면 프로그램 오류를 일으킬 수 있다. 그렇기 때문에 '드래곤 퀘스트' 같은 롤플레잉 게임의 공격력 최대치는 100이나 999가 아니었던 것이다.

이처럼 얼핏 봤을 때 어중간한 숫자는 게임뿐만이 아니라 컴퓨터가 활용되는 곳곳에서 많이 등장한다. 예를 들면 핸드폰 디스플레이색의 약 1677만색(풀 컬러)은 16,777,216(2^{24})이다. 엑셀2003의 경우 세로 마지막 행의 값은 65,536(2^{16})이며 엑셀2007 이후의 경우는 1,048,576(2^{20})이다. USB 메모리나 SD 메모리카드는 2GB, 4GB, 8GB, 16GB, 32GB, 64GB, 128GB……처럼 종류가 다양하지만, 모두 이진법의 세계에서 쓰기 적절한 숫자를 사용하고 있는 것이다.

매일 보는 바코드에도
숨어 있는 이진법

우리가 거의 매일 보게 되는 것 중에 바코드가 있다. 바코드는 하얀 부분과 검은 부분으로 나뉘어 있는데 하얀 부분이 0, 검은 부분이 1을 나타내는 이진법이 사용되었다. 이 바코드 덕분에 가게 계산대에서 하는 일이 정확하고 수월해졌다.

바코드가 한국에 도입된 것은 올림픽이 개최되었던 1988년이다. 그전까지는 점원이 상품 가격을 계산대에서 직접 입력했다. 지금도 오래된 기계를 사용하고 있는 가게에서는 직접 입력하는 경우가 있지만 대부분은 바코드가 도입되어 있는 상황이다. 바코드가 인식되는 가게에서도 상품에 등록되지 않은 바코드가 인쇄되어 있다면 가격을 입력해야 한다. 바코드는 순식간에 상품 가격을 계산할 뿐만 아니라 재고와 매출 상황도 체크할 수 있어 편리하다. 이 체크 시스템을 POS(Point Of Sales, 판매 시점 정보 관리)라고 한다.

바코드의 흑백 선 아래를 보면 13자리 숫자가 기재되어 있는 것을 확인할 수 있다. 이 13자리 숫자는 '국가', '생산자', '상품'의 정보를 나타내며 내역은 다음 표와 같다.

국가 코드		생산자코드		상품코드		합계
880	2017년 이전	4자리	(4~7번째)	5자리	(8~12번째)	12자리
	2017년 이후	6자리	(4~9번째)	3자리	(10~12번째)	

앞 세 자리는 한국을 나타내는 국가 코드. 88올림픽 개최 기념으로 받은 국가 코드이다.

이 표는 12자리 밖에 없지만 표에 없는 마지막에 위치하는 숫자는 체크섬이라고 불리며 바코드 판독 오류를 막기 위해 설정된 것이다.

※ 이 바코드는 샘플

바코드는 일그러지거나 오염되면 인식이 안 될 경우가 있다. 만약 바코드 판독 오류로 상품을 잘못된 가격으로 계산하면 큰일이 난다. 그것을 막기 위해 체크섬이 있는 것이다. 점원이 바코드가 좀처럼 읽히지 않아 고생하는 모습을 볼 수 있는데 이것은 판독 오류를 막기 위한 체크가 작동했기 때문에 생긴 일이다.

그러면 체크섬의 구조로 넘어가도록 하자. 바코드는 홀수 번째 수를 모두 더한 것과 짝수 번째 수를 모두 더한 것의 합계를 3배로 하면 반드시 10의 배수가 되도록 체크섬이 설정되어 있다. 만약 10의 배수가 되지 않았을 때는 판독에 실패했기 때문에 반응하지 않는다.

이러한 구조 때문에 바코드의 첫 번째 수부터 12번째 수까지 알게 되면 자동으로 체크섬을 구할 수 있다. 그럼 체크섬을 구하는 방법을 알아보자.

① 왼쪽부터 홀수 번째 숫자를 합해서 x로 한다(단, 마지막의 체크섬은 제외).

8801234567893의 경우 $x = 8 + 0 + 2 + 4 + 6 + 8 = 28$

② 왼쪽부터 짝수 번째 숫자를 합해서 y로 한다.

8801234567893의 경우 $y = 8 + 1 + 3 + 5 + 7 + 9 = 33$

③ $x + 3y$를 계산하고 1의 자리 숫자를 z로 한다.

$x = 28, y = 33$의 경우

$x + 3y = 28 + 3 \times 33 = 127$

$x + 3y = 127$에서 1의 자리 숫자는 7, 즉 $z = 7$

④ $10 - z$의 값을 체크섬으로 한다.

$z = 7$일 경우 $10 - z = 10 - 7 = 3$

위 순서에 따라 '8801234567893'의 체크섬인 '3'을 구할 수 있다.

바코드는 편의점이나 슈퍼마켓뿐만 아니라 항공기의 위탁 수하물, 택배, 등기우편, 회원제 클럽의 회원증 등 다양한 곳에서 사용된다. 이 바코드를 사용하면 다양한 서비스를 신속하고 편안하게 받을 수 있다. 우리가 흔히 이용하는 서비스에 숨어 있는 이진법 수학의 예시이다.

티롤 초코의 사이즈가 커지면서
가격이 인상된 이유

바코드는 전세계에서 사용하기 때문에 사이즈에 대한 규격이 있다. 너무 크거나 작으면 바코드를 인식할 수 없기 때문에 확대와 축소는 표준 사이즈의 0.8~2배까지로 제한된다. 하지만 세계의 모든 상품에 바코드를 인쇄할 공간이 있는 것은 아니다.

그런 경우를 대비해 13자리 바코드와는 별도로 8자리로 단축된 바코드도 있다. 그렇지만 이 8자리 바코드조차 인쇄할 공간이 없는 상품도 존재한다. 그런 상품은 어떻게 됐을까?

티롤 초코[10]를 예로 들어 보자. 옛날에는 10엔(약 100원), 지금은 20엔에 판매되는 티롤 초코는 가격이 10엔이었을 때 길이가 밑면이 25mm, 윗면이 22mm였다. 이는 8자리 단축 바코드 최소폭보다도 짧다. 이 사이즈로는 바코드로 상품을 관리하는 편의점이나 슈퍼마켓에서 취급할 수 없다. 그래서 바코드를 인쇄할 공간을 확보하기 위해 길이를 30mm로 확대한 20엔짜리 티롤 초코가 탄생한 것이다.

출처: 티롤 초코

---

10) 일본의 유명 초콜릿. 한국의 미니쉘과 비슷하다.

이진법을 응용한
'삼로 스위치'

이진법은 우리가 평소에 아무렇지 않게 사용하는 곳에서도 활용되고 있다. 그 중 하나가 조명 스위치다.

예를 들어 2층짜리 단독주택에 살고 있다면 2층으로 올라갈 때 1층에서 스위치를 눌러서 불을 켜고 2층에서 다시 불을 끄는 경우가 있을 것이다. 여기에도 이진법이 숨어 있다.

우선 스위치를 켜면 불이 켜지고 스위치를 끄면 불이 꺼지는 단로 스위치부터 알아보자.

불이 꺼져 있는 상태(OFF)를 '0', 불이 켜져 있는 상태(ON)를 '1'로 하고 스위치가 꺼져 있는 상태(OFF)를 '0', 스위치가 켜져 있는 상태(ON)를 '1'로 대체하면 이진법이 된다.

불이 꺼져 있는 상태(OFF)   불이 켜져 있는 상태(ON)

'0'상태(OFF)   '1'상태(ON)

단로 스위치는 그림으로 보면 단순한 구조이다. 실물에는 'ON'을 나타내는 검은 선 등의 표시가 오른쪽에 있다는 특징이 있다.

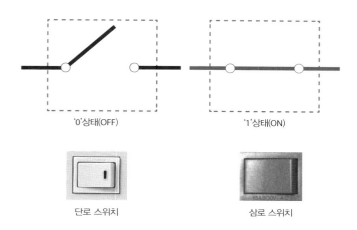

'0'상태(OFF)   '1'상태(ON)

단로 스위치   삼로 스위치

스위치와 조명의 ON, OFF 상태를 표와 그림으로 나타내면 다음과 같다.

번호	입력 스위치	출력 조명
①	0 (OFF)	0 (OFF)
②	1 (ON)	1 (ON)

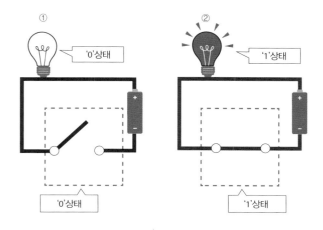

다음으로 계단이나 긴 복도 등에서 이용되는 삼로 스위치에 대해 살펴보자. 삼로 스위치는 불 하나를 두 곳에서 전환할 수 있는 스위치다. 삼로 스위치는 단로 스위치 같은 'ON', 'OFF'가 없기 때문에 아래 그림과 같이 '0'과 '1'을 정한다.

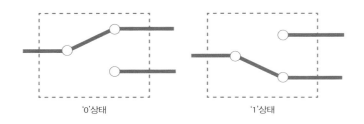

'0'상태   '1'상태

여기서 이진법 계산이 필요하게 되는데 경우의 수가 많지 않기 때문에 다음 표와 같이 입력과 출력의 계산을 정한다. 이 표의 '왼쪽 스위치'를 1층의 스위치, '오른쪽 스위치'를 2층의 스위치로 한다면 계단의 스위치를 상상하기 쉬워진다.

번호	입력		출력
	왼쪽 스위치	오른쪽 스위치	조명
①	0	0	0
②	0	1	1
③	1	0	1
④	1	1	0

그림으로 표시하면 다음과 같다.

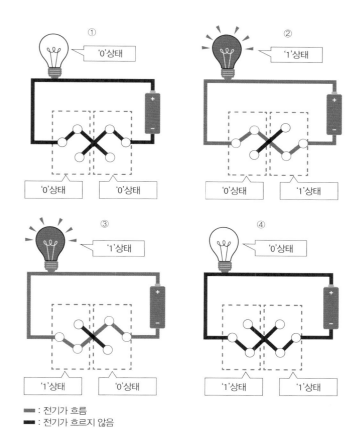

① '0'상태 '0'상태 '0'상태

② '1'상태 '0'상태 '1'상태

③ '1'상태 '1'상태 '0'상태

④ '0'상태 '1'상태 '1'상태

▬ : 전기가 흐름
▬ : 전기가 흐르지 않음

　여러 개의 스위치가 있을 때 스위치 한 개가 눌리면 모든 불이 켜지는 것으로 병렬 접속된 스위치가 있다. 버스 하차벨이 흔히 볼 수 있는 예다. 여기서 병렬 접속된 스위치도 살펴보자.

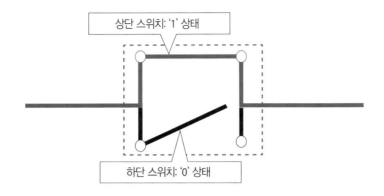

병렬 접속된 스위치는 상단 스위치, 하단 스위치 중 하나를 누르면 불이 켜지므로 다음 표와 같이 정해진다.

번호	입력		출력
	상단 스위치	하단스위치	조명
①	0	0	0
②	0	1	1
③	1	0	1
④	1	1	1

여기까지 이진법이 조명의 ON, OFF에 사용되고 있는 것을 살펴보았다. 컴퓨터는 이런 계산을 반복함으로써 움직이고 있다. 이러한 계산은 19세기에 영국의 수학자 조지 불이 창안해 불 대수로 불린다. 그 당시에는 지금처럼 응용되리라고는 생각하지도 않았을 것이다. 그러므로 그때그때의 '손익'을 기준으로 도움이 된다, 안 된다를 정하지 않는 것이 중요하다. 우리가 상상하지도 못하는 일에 도움이 될지도 모르기 때문이다.

제7장

방향뿐만 아니라 크기도 나타내기 때문에 계산이 가능한 '벡터'

벡터는 방향과 크기(길이)를
한꺼번에 전달할 수 있는 도구로
어원은 '운반하는 사람'이다.
'운반책' 벡터가 활약하는 모습을 알아보자.

'저쪽'을 정확하게 표현하고 싶을 때 사용하는 벡터

경북 영덕에는 국내에서 유일하게 헬리콥터로 관광 비행을 할 수 있는 상품이 있다. 영덕 근처를 한 바퀴 도는 코스도 있고 울릉도는 물론 독도 상공까지 다녀올 수 있는 코스도 있다고 한다. 만약 관광객이 영덕 주민에게 저 헬리콥터를 어디서 타냐고 물어 본다면 '타는 곳은 저쪽입니다.' 하고 손짓으로 대답하게 될 것이다. 이때 '저쪽'이라는 표현을 식으로 나타낸 것을 벡터라고 한다. 벡터는 방향과 길이를 동시에 전달할 수 있는 편리한 도구이다.

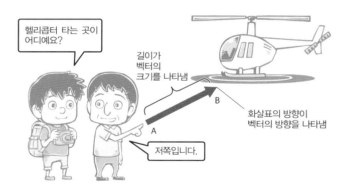

관광객이 물어본 장소 A를 시작점, 헬리콥터를 타는 곳 B를 도착점으로 할 때 '저쪽'을 수학에서는 $\overrightarrow{AB}$로 나타낸다. 물론 길 안내를 할 때는 '저쪽'이라고 대충 설명하는 게 아니라 자세히 설명해야 할 때도 있을 것이다. 그럴 때도 벡터는 성분 표시라고 불리는 방법으로 대처가 가능하다.

예를 들어 시작점 A에서 도착점 B로 갈 때까지 x축 방향=동쪽으로 120m 이동하고 y축 방향=북쪽으로 50m 이동하는 경우는

$$\overrightarrow{AB} = (120, 50)$$

이렇게 나타낼 수 있다. 벡터의 성분 표시는 좌표와 비슷하지만 좌표와 다르게 다양하게 계산하거나 응용할 수 있다.

한 가지 예를 들면 Google은 2013년에 'word2Vec'이라는 단어를 벡터로 나타내는 방법을 발표했다. 이 방법에 의해 다양한 곳에서 벡터의 성분 계산이 사용되고 응용되었다. 벡터의 성분 계산이 인공 지능 등에 사용되는 미래가 코앞으로 다가오고 있다. 방금 소개한 관계를 모눈종이에 그려넣으면 다음과 같다.

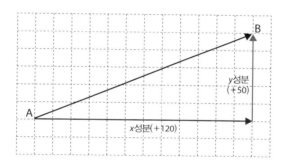

AB의 길이는 피타고라스의 정리(2-1 참고)에 따라 130m로 나타낼 수 있다.

$$(AB)^2 = 120^2 + 50^2 = 14400 + 2500 = 16900 = 130^2, \ AB=130$$

여기까지가 벡터의 기본이다. 일상 생활에서 벡터를 그림으로 표시해서 쓸 일은 없을 것 같다고 생각하는 분들도 있을 거라고 생각한다. 그러나 사

실 우리는 거의 매일 벡터를 보고 있다. 도로 표지판도 벡터이다. 아래 그림은 도로 표지판의 일부에 불과하지만 벡터가 굉장히 많이 등장한다.

출처: 일본 국도교통청

자동차를 운전할 때는 연속적으로 작은 의사 결정을 순식간에 해야 한다. 그렇기 때문에 시각적으로 바로 파악할 수 있는 벡터와 같은 기호가 꼭 있어야 한다. 이것을 말로만 설명하고자 하면 이해와 판단을 하는 데 시간이 걸려 사고를 유발할 수 있다. 그 밖에 예상 기온의 기온 분포도도 벡터다. 아래처럼 벡터에서 방향을 제외한 양을 스칼라라고 한다.

출처: 일본 기상청

'도등'은 안전한 '바닷길'을
알려주는 벡터

세토 내해와 동해를 잇는 간몬 해협은 일본 혼슈의 서쪽 끝에 위치한 야마구치현 시모노세키시와 후쿠오카현 기타큐슈시 모지구 사이에 있다. 간몬 해협은 시모노세키시에서 기타큐슈시 모지구를 직접 눈으로 볼 수 있을 정도로 좁고, 그중 가장 좁은 구간의 폭은 약 650m밖에 되지 않는다. 또한 세토 내해와 동해부터 간몬 해협에 걸쳐서 급격히 폭이 좁아지기 때문에 물살이 빠른데다 수심도 얕다.

이렇게 좁은 간몬 해협을 하루에 500여 척의 배가 오가고 있다. 바다기 때문에 '도로' 같은 것은 당연히 없다. 그렇다고 해서 무질서한 통행은 위험하다. 이런 문제를 해결하고자 벡터가 안전하게 항해하기 위한 바닷길로서 활약하고 있다.

간몬 해협에는 시모노세키시와 기타큐슈시 모지구를 연결하는 간몬 교가 있고, 그 주변에는 커다란 화살표 2개가 세워져 있다. 이 두 화살표는 도등이라고 불리며 간몬 해협을 항해하는 배를 안전하게 유도하기 위한 표식이다.

도등은 다음 페이지 그림과 같이 2개가 떨어진 곳에 앞뒤로 하나씩 설치되어 있는데 이 2개의 도등의 빛이 상하로 겹쳐질 때 그 빛을 연결하는 직선이 배의 안전한 항로가 된다. 그렇기 때문에 간몬 해협을 높은 곳에서 바라보면 모든 배가 마치 바닷길이 있는 것처럼 같은 항로로 가고 있는 모습을 볼 수 있다.

시모노세키 도등(앞쪽)

시모노세키 도등(뒤쪽)

강을 거슬러오르는 보트의 속도는 벡터를 더해서 구하기

카누나 보트 등으로 강을 건널 경우 강의 흐름과 바람의 영향을 받게 된다. 직진하려 해도 강물이나 바람의 흐름으로 진행 방향이 바뀌는 일이 있다. 강물이나 바람의 흐름은 그만큼 영향력이 크다.

여기서 등장하는 것이 벡터의 덧셈이다. 우선 카누나 보트의 진행 방향과 강의 흐름, 바람의 방향이 동일한 경우를 생각해 본다. 카누가 서쪽으로 시속 4km로 갈 때 같은 방향으로 흐르는 물결로 카누의 시속이 3km 증가했다고 치자. 이 경우에는 강의 흐름에 의해 시속이 단순히 더해졌을 뿐이므로 시속은 '4 + 3 = 7km'로 구할 수 있다.

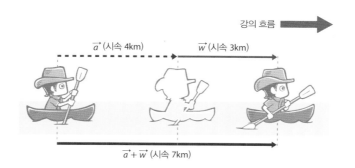

그러나 카누나 보트의 진행 방향과 물결의 방향이 다른 경우는 어떻게 될까? 시속을 단순히 '4 + 3 = 7km'라고 할 수 없다. 이 경우의 덧셈은 방향으로 인한 영향을 받기 때문에 벡터의 덧셈을 사용한다.

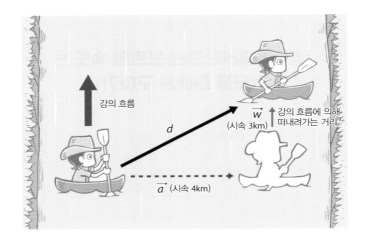

　위 그림에서 오른쪽으로 가는 카누의 시속 4km를 나타내는 $\vec{a}$는 (4, 0), 위로 가는 시속 3km의 강의 흐름을 나타내는 $\vec{w}$는 (0, 3)으로 나타내며, 이 합계는 다음과 같은 식으로 나타낼 수 있다.

$$\vec{a} + \vec{w} = (4 , 0) + (0 , 3) = (4 , 3)$$

　카누의 시속은 위 그림의 검정 실선 벡터에 해당하므로 길이를 d라고 하면 피타고라스의 정리(2-1 참고)로

$$d^2 = 4^2 + 3^2 = 16 + 9 = 25 = 5^2 \qquad d = 5$$

가 된다. 이걸로 '카누의 시속은 5km'라는 것을 알 수 있다.

두 가지의 벡터로 결정되는
'오토바이의 균형'

오토바이를 타고 코너를 돌 때는 핸들을 사용하는 것이 아니라 오토바이를 기울인다. 처음 대형 오토바이를 탈 때 차체를 크게 기울여서 커브를 돌면 무섭긴 하지만 넘어지진 않을 것이다. 물론 과도하게 기울이면 넘어질 수도 있지만, 대부분의 경우는 균형이 잡힌다. 어떻게 그럴 수 있는지 살펴보자.

오토바이를 타고 코너를 돌 때는 바깥쪽에 원심력이 작용한다. 중력은 항상 작용하므로 오토바이에는 중력과 원심력을 합한 힘이 가해진다. 이러한 힘을 이겨낼 힘이 없으면 오토바이는 넘어지고 만다.

중력을 지탱하는 힘은 지면에서 받는 수직항력이고 원심력을 지탱하는 힘은 타이어의 마찰력이다. 그러므로 타이어의 마찰력이 없으면 넘어질 가능성이 높아진다. '원심력과 중력을 합친 힘'과 '마찰력과 수직항력을 합친 힘'이 균형을 잡지 못할 경우에는 넘어지게 된다. 오토바이의 넘어짐 여부는 벡터의 덧셈으로 결정되는 것이다.

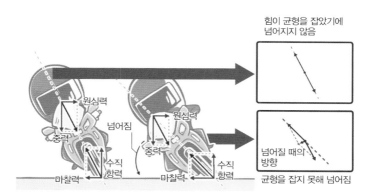

127

비슷하지만 다른 '거듭제곱'과 '지수'

거듭제곱과 지수는 비슷한 뜻을 가지기 때문에 같은 것으로 생각할 수도 있지만 의미가 조금 다르다. 제5장에서 예로 든 $10^1, 10^2, 10^3, 10^4 \cdots$을 통틀어서 10의 거듭제곱이라고 한다. 그리고 10의 옆에 있는 작은 숫자 1, 2, 3, 4⋯를 지수라고 한다.

이 외에도 지수 부분은 자연수가 될 수도 있고 약분할 수 없는 분수인 유리수가 되거나 -(마이너스)가 되기도 한다.

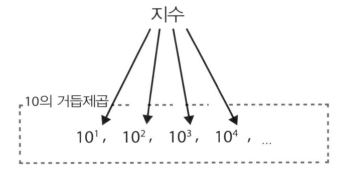

제8장

엄청나게 작은 수로 나누는 '미분'과 엄청나게 작은 수를 곱하는 '적분'

'미분과 적분'이라고 하면 어려우니까
피하고 싶다고 생각하는 사람이 많을 것이다.
그러나 우리 생활 속에서 흔히 나타나는 현상에도
미분과 적분이 숨어 있다.
여기에서는 미분과 적분의 본질을 대략적으로 설명한다.

'어떤 순간의 속도'를 알고 싶을 때는 미분을 사용

'미분과 적분'은 많은 사람들에게 '어려워서 싫어진 수학의 대명사'일 것이다. 물론 그 이론을 제대로 배우려면 어렵다. 하지만 대강의 원리만 파악해서 계산하고 이용하는 것은 의외로 쉽다.

미분과 적분을 제대로 설명하기 위해 많은 책들은 아주 상세하게 쓰여져 있다. 그러다 보니 이해하기가 어려운 것이다. '미분과 적분은 쉽게 말하면 무엇인가?'하고 학생에게 물어보면 대부분 '고등학생 때 배우긴 했지만 이해가 잘 되지 않았다'고 대답한다. 그 다음으로 많은 것은

① 미분은 왼쪽 아래 그림과 같이 '접선의 기울기'를 구하는 것
② 적분은 오른쪽 아래 그림과 같이 '면적'을 구하는 것
③ 미분의 반대는 적분, 적분의 반대는 미분

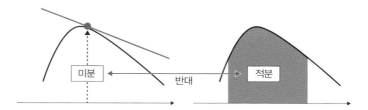

이라는 답변이다. 물론 틀린 것은 아니지만 평소에 접선의 기울기를 구하거나 면적을 구하지는 않을 테다. 수학을 가르치는 나처럼 일상적으로 그런 것을 구하는 사람도 있겠지만 대부분 사람들에게는 비일상적인 일이다.

결국 이런 고정관념을 머리에 담고 있으면 일상적인 응용을 하기가 힘들

다. 그렇기 때문에 이미지부터 바꾸는 것이 중요하다. 그럼 우선 미분을 파악하는 방법부터 바꿔 보자.

●미분에 대한 이미지를 바꾸기

고등학교에서 미분은

'접선의 기울기를 구하는 것'

이라고 배웠다. 접선은 직선의 한 종류이므로 쉬운 설명을 위해 접선을 아예 직선으로 생각하고 진행한다. 고등학생 때 미분을 배우지 않았어도 직선의 기울기라고만 생각하면 된다. 그리고 다음 예제를 통해서 직선의 기울기를 구하는 방법을 확인해 보자.

●예제

아래 그림과 같은 원점 O(0, 0)와 점(4, 3)을 지나는 직선의 기울기는?

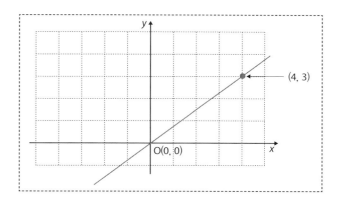

원점 O와 원점 O에서 x방향으로 +4, y방향으로 +3 이동한 점(4, 3)을 지나므로 이 직선의 기울기는 $\dfrac{3}{4}$이다.

$\dfrac{3}{4}$은 3÷4이기 때문에 직선의 기울기는 '나눗셈'으로 구할 수 있다는 것을 알 수 있다. 덧붙여

x방향의 '+4'를 x의 증가량

y방향의 '+3'을 y의 증가량

이라고 한다. 그렇기 때문에 중학교 교과서에서는

$$직선의\ 기울기 = \dfrac{y의\ 증가량}{x의\ 증가량}$$

이렇게 나와 있다.

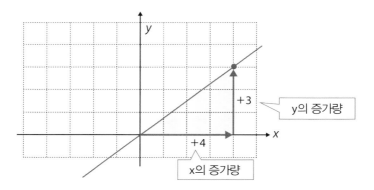

대략적으로 말하면 미분으로 구할 수 있는 것은 '직선의 기울기'이다. 직선의 기울기를 구하는 방법은 '나눗셈'이므로 이것을 연결하면 '미분'은 '나눗셈'을 하는 것이 된다. 맥이 빠질 수도 있겠지만 간단하게 말하자면 미분이란 나누기를 하는 것이다. 물리 수업에서

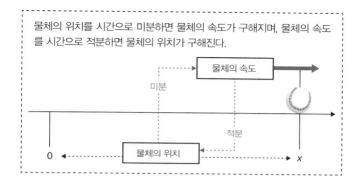

물체의 위치를 시간으로 미분하면 물체의 속도가 구해지며, 물체의 속도를 시간으로 적분하면 물체의 위치가 구해진다.

라고 배우는데 이것은 초등학교에서 배운 '거속시(거리 속력 시간) 공식'

(거리) ÷ (시간) = (속도) ➡ 미분
(속도) × (시간) = (거리) ➡ 적분

과 같은 것이다. 그럼 나눗셈을 왜 미분이라는 특별한 용어로 부를까? 나누는 수가 엄청나게 작기 때문이다. 구체적으로 예를 들자면

$$0.00000000000000000000000000000000\cdots\cdots001$$

과 같다. 이렇게 작은 수를 수학에서는 '0에 한없이 가까운 값'이라고 표현한다. 방금 미분으로 구한 것은 '직선의 기울기'라고 대강 설명했지만 정확히는 '접선의 기울기'다. 둘 다 기울기이기 때문에 나눗셈으로 구하는 것은 동일하다.

다만 접선의 기울기를 구할 경우에는 '나누는 수=x의 증가량'이 엄청나게 작은 값, 즉 '0에 한없이 가까운 값'이 되므로 미분이 필요한 것이다.

다음 페이지에서 '직선'에서 '접선'을 만드는 과정을 그림으로 소개한다. 여기서 이런 작은 수로 나누는 게 의미가 있을지 의문이 생기겠지만 의미는 분명히 있다.

가령 항공기의 이륙 속도, 자동차가 고속도로를 달리는 속도, 프로야구 투수의 구속 등은 순간의 속도가 중요하다.

특히 비행기는 이륙하는데 시속 300km 내외의 속도가 필요하고, 이 속도에 도달하지 못하면 이륙을 취소해야 한다. 시속 300km는 1초에 80m 이상 이동하는 속도다. '1초 동안의 속도만 알면 됐지'하고 느슨하게 생각해서는 안 된다. 필요한 것은 매 순간순간의 속도이고, 이것을 구하는 도구가 미분이다.

초속	시속
초속 60m	시속 216km
초속 70m	시속 252km
초속 80m	시속 288km
초속 90m	시속 324km
초속 100m	시속 360km

시속 288km라면 1초만에 80m나 이동한다.

세상에는 큰 것이 작은 것을 대신 할 수 있는 일이 흔히 생기고는 한다. 하지만 수학은 '티끌 모아 태산'이 되는 세계다. '0에 한없이 가까운 값'을 구할 수 있으면 큰 값도 구할 수 있다는 것이 수학의 발상이며 이러한 발상에 의해서 공식이 만들어졌다. 공식은 외워서 익히면 기계적으로 응용할 수 있기 때문에 편리하다. 미분이 일상 생활에서 무슨 소용이 있냐고 질문을 받으면 나는 '나눗셈으로 구할 수 있는 모든 것에 도움이 된다'고 대답할 것이다.

직선에서 접선을 만드는 과정

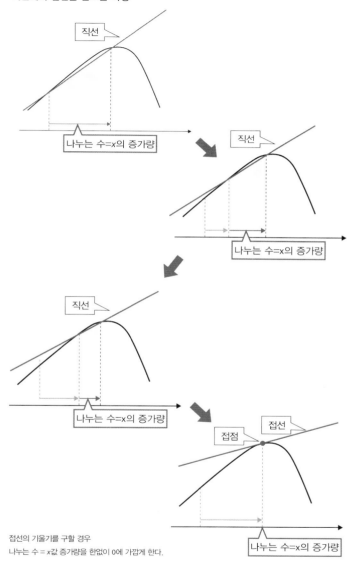

나누는 수=x의 증가량

직선

나누는 수=x의 증가량

직선

직선

나누는 수=x의 증가량

접점 접선

나누는 수=x의 증가량

접선의 기울기를 구할 경우

나누는 수 = x값 증가량을 한없이 0에 가깝게 한다.

점점 더 접점의 주위를 확대해 보면

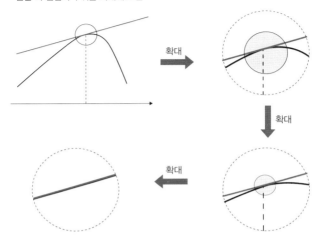

위 그림처럼 곡선이 직선의 형태에 가까워진다. 직선은 곡선보다 다루기가 쉽다. 미분은 곡선이나 도형을 세세하게 나눠서 다루기 쉬운 형태로 바꾸는 것이다. 또한

0.0000000000000000000000000000000000⋯⋯⋯⋯⋯⋯⋯⋯001

이라는 매우 작은 수를 수학에서는 'd'를 사용해 나타낸다. x축 방향에서 매우 작은 수는 'dx'로 나타내고, y축 방향에서 매우 작은 수는 'dy'로 나타낸다.

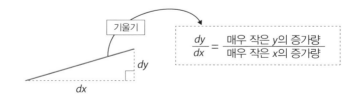

dx와 dy를 사용하면 미분의 기호는

$$\frac{dy}{dx}$$

이렇게 나타낼 수 있다. 이 기호는 17세기 독일의 철학자이자 수학자인 라이프니츠에 의해 고안되었다. 영어로 분수를 읽는 것처럼 '디와이, 디엑스'라고 분자, 분모 순서로 읽는 것이 일반적이다. 미분 기호는 라이프니츠가 고안한 $\frac{dy}{dx}$ 가 알기 쉽고 응용 범위도 넓으므로 편리하다. 하지만 'y′'으로 단축한 기호도 있다. 즉

$$\frac{dy}{dx} = y'$$

이 된다. 고등학교 교과서에서는 이것이 더 많이 사용되고 있다. 이 기호는 프랑스의 수학자이자 천문학자인 라그랑주에 의해 고안되었고 '와이 프라임'이라고 읽는다. 예전에는 '와이 다시'라고 읽는 경우도 많았지만 요즘은 거의 '와이 프라임'으로 통일되었다. 라그랑주는 에펠탑 발코니 아래에 이름이 새겨져 있는 72명의 과학자 중 한 명이다.

우리가 걷고 있는 곳은
지표를 미분한 '접선 위'

지구가 둥글다는 것은 모두 알고 있다. 그런데 생각해보면 우리가 걷는 길은 항상 평면으로 보인다. 신기하지 않은가? 이것은 '지구의 둘레'와 '우리가 걷는 거리'를 비교했을 때 우리가 걷는 거리가 지구의 둘레에 비해 너무 미미하기 때문이다. 그리고 우리가 '지구를 미분한 접선 위를 걷고 있기' 때문에 '땅이 평면인 것처럼 느껴진다'고도 생각할 수 있다. 지구의 일부분을 확대한 그림을 이용해 이 모습을 살펴보자.

지구를 미분한 접선 위를 걷고 있기 때문에
지면이 평면으로 느껴진다.

물론 지구가 둥글기 때문에 그것을 실감할 수 있는 장면도 많다. 예를 들면 마라톤 경기가 있다. TV 중계를 보면 선두로 달리는 선수를 뒤쫓는 2위 선수의 모습이 머리부터 서서히 화면에 나타난다. 이것이야말로 지구가 둥글게 생겼음을 보여주는 예라고 할 수 있다. 만약 지구가 평평하다면 2위 선수는 머리 부분부터 나오는 것이 아니라 전신이 축소된 상태로 화면에 나올 것이다.

●달이나 인공위성은 왜 떨어지지 않는 것일까?

공을 던지면 당연히 땅을 향해 떨어진다. 그러나 정찰위성, 통신위성, 기상위성 같은 인공위성이나 달처럼 시간이 아무리 지나도 떨어지지 않는 것들도 있다. 과연 달이나 인공위성에는 특별한 힘이 작용해서 정말로 안 떨어지는 걸까? 그렇지 않다. 사실 달도 인공위성도 서서히 떨어지는 중이다.

그런데 달이나 인공위성이 떨어지고 있는 방향에 끝까지 지면이 없다면 어떻게 될까? 끝없이 떨어지게 된다. 즉 달이나 인공위성은 지구를 향해 계속 떨어지고 있고, 그 결과로 지구 주위를 돌고 있는 것이다. 이렇게 되기 위해서는 조건이 있다. 그 조건을 알아보도록 하자.

참고로 드문 일이지만 인공위성이 지구에 떨어져 버리는 경우도 있다. 대부분은 지구에 추락하기 전 대기권에 진입할 때 기체가 타올라 사라진다. 하지만 과거에는 소련이 발사한 '코스모스 954호'가 캐나다 북부에 추락한 사례도 있었다. 이렇게 인공위성이 지구에 추락하면 아주 위험하다. 때문에 추락할 가능성이 높아진 인공위성을 미 해군 함정이 스탠더드 미사일-3로 요격한 일도 있었다. 이 인공위성은 미국 국가정찰국이 소유하는 정찰위성 'NRO launch 21'이다.

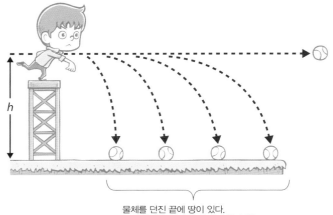

물체를 던진 끝에 땅이 있다.
그럼 물체를 던진 끝에 땅이 없다면?

그러면 이제 물체가 '끝없이 떨어지기 위한 조건' 즉 '지구를 계속 돌기 위한 조건'을 알아보도록 하자. 좀 더 간단한 계산을 위해 '지표면 위에서 물체가 떨어지지 않는 조건'으로 생각해 본다.

먼저 공을 던졌을 때 1초간 떨어지는 거리를 계산한다. 중력 가속도 g = 9.8, t = 1 로 하면

$$h = \frac{1}{2}gt^2 = \frac{1}{2} \times 9.8 \times 1^2 = 4.9 \ (m)$$

이다.

지구의 중심에서 물체까지의 거리를 R = 6.4×10^6으로 하고 물체가 계속 떨어지기 위해 필요한 속도를 v로 하면 R과 v, h의 관계는 다음 그림과 같다.

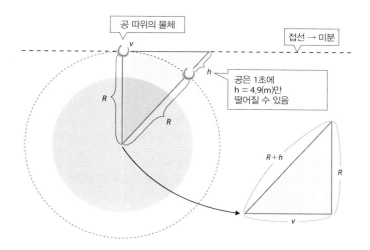

공 따위의 물체

접선 → 미분

공은 1초에
h = 4.9(m)만
떨어질 수 있음

여기에 2장에서 봤던 피타고라스의 정리를 사용해 보자.

$$R^2 + v^2 = (R + h)^2$$
$$R^2 + v^2 = R^2 + 2Rh + h^2$$
$$v^2 = 2Rh + h^2$$

따라서 $v = \sqrt{2Rh + h^2}$이 된다. h^2은 0보다 크거나 같은 수이므로

$$2Rh + h^2 \geqq 2Rh + 0^2 = 2Rh$$

가 성립한다. 이것을 다시 활용하면

$$v = \sqrt{2Rh + h^2} \geqq \sqrt{2Rh} = \sqrt{2 \times 6.4 \times 10^6 \times 4.9}$$
$$= \sqrt{2 \times 6.4 \times 10 \times 10^4 \times 10 \times 4.9}$$
$$= \sqrt{2 \times 64 \times 10^4 \times 49}$$
$$= \sqrt{2 \times 8^2 \times 10^4 \times 7^2}$$

$$= 8 \times 7 \times 10^2 \times \sqrt{2} = 5600\sqrt{2}$$
$$= 5600 \times 1.41421356\cdots$$
$$= 7919.596\cdots \fallingdotseq 7900\text{m/s} = 7.9\text{km/s}$$

이 초속 7.9km를 제1 우주 속도라고 한다.

앞서 추락할 가능성이 높아진 인공위성을 예로 미국 국가정찰국이 소유하고 있던 정찰위성 'NRO launch 21'을 소개했는데 스탠더드 미사일-3로 요격했을 때 이 인공위성의 속도는 '초속 7.8km'였다. 제1 우주 속도인 초속 7.9km보다 느려진 까닭에 위성의 궤도에서 조금씩 이탈하기 시작한 것이다.

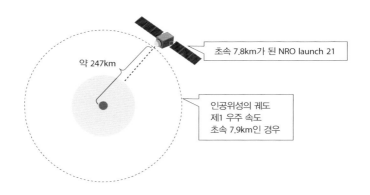

약 247km

초속 7.8km가 된 NRO launch 21

인공위성의 궤도
제1 우주 속도
초속 7.9km인 경우

적분의 본질은
엄청나게 작은 수를 곱하는 '곱셈'

'적분은 면적을 구하는 것'이라고 답하는 사람이 많겠지만 이것의 본질 역시 미분과 같다. 차근차근 생각해 보자. 우선 넓이를 구하는 공식 중 제일 먼저 배우는 것은 무엇일까? 내가 학생들에게 이 질문을 하면 왜인지 '(밑 변)×(높이)÷2'라는 삼각형의 넓이를 말하는 사람이 많은데 더 쉽게 (밑 변)×(높이)로 구할 수 있는 직사각형의 넓이가 있다. 그 밖에도 정사각형, 평행 사변형, 사다리꼴, 마름모꼴 등 다양하지만 모두 곱셈을 응용하는 것 으로 배운다. 즉, 적분이 뭔지 대략적으로 말하자면 곱셈인 셈이다.

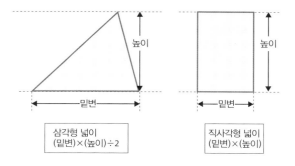

그럼 왜 곱셈을 적분이라는 특별한 용어로 부르는가 하면 곱하는 수가 엄청나게 작기 때문이다. 구체적으로는 미분처럼 아래와 같은 수를 곱한다 고 생각하면 된다.

0.0000000000000000000000000000000……001

미분과 마찬가지로 엄청나게 작은 수를 곱한다고 한들 무슨 의미가 있겠나 하는 의문이 들지도 모르지만 이것도 의미가 있다. 예를 들어 그림 1의 면적을 초등학교에서 배운 공식으로는 구할 수 없을 것이다.

왜냐하면 초등학교에서 배운 넓이를 구하는 공식은 밑변이든 높이든 직선일 경우에만 사용 할 수 있기 때문이다. 바꿔 말하자면 '직선이라면 구할 수 있다'. 따라서 구하려고 하는 면적이 직선이 될 정도로 작게 만들어 버리면 되는 것이다.

예를 들어 그림 2처럼 곡선 아래 녹색 직사각형 부분의 면적은 구할 수 있다. 그림 3의 녹색 직사각형 옆에 있는 회색 사선의 직사각형 부분의 면적도 구할 수 있다. 그림 4의 회색 사선 직사각형 옆에 있는 연두색 직사각형 부분의 면적 역시 구할 수 있을 것이다. 그것을 그림 5처럼 차례차례로 구하다 보면 곡선으로 둘러싸인 부분의 면적은 그림 6과 같이 구할 수 있다는 것을 알 수 있다.

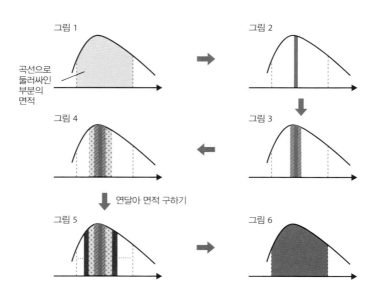

그림 1

곡선으로
둘러싸인
부분의
면적

그림 2

그림 4

그림 3

연달아 면적 구하기

그림 5

그림 6

즉 적분이란 앞의 그림과 같이 구하고자 하는 면적을 세세하게 분할한 다음 '밑변 × 높이'를 무한 계산하고 그것을 모아서 합산했을 뿐인 것이다.

그다음 적분을 사용해서 면적이 구해지는 과정을 수식과 문자로 나타낸다. 먼저 아래 왼쪽 그림의 녹색 직사각형 부분의 면적을 확대하고 수식으로 나타내 보자.

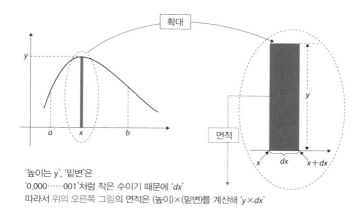

'높이는 y', '밑변'은
'0.000……001'처럼 작은 수이기 때문에 'dx'
따라서 위의 오른쪽 그림의 면적은 (높이)×(밑변)를 계산해 'y×dx'

'a'에서 오른쪽 끝의 'b'까지 모아서 합하는 것을 기호로 $\int_a^b$라고 쓰기 때문에 위의 왼쪽 그림의 면적을 기호로 나타내면

$$\int_a^b y \times dx = \int_a^b y\, dx$$

가 된다. 기호를 처음 볼 때는 어렵게 느껴질 수 있겠지만 '(밑변)×(높이)를 모으고 있는' 것이다. 이 기호 $\int$은 integral(인테그럴)이라고 하는데 인테그럴의 위아래에 있는 숫자나 문자를 각각 위 끝, 아래 끝이라고 한다. $\int_a^b$의 경우는 'b가 위 끝'이고 'a가 아래 끝'이다.

적분의 계산은 적분이 미분의 반대인 것을 이용한다(적분이 미분의 반대가 되는 것은 150페이지 칼럼에서 설명). 우선 $y = f(x)$로 하고, 미분해서

f(x)가 되는 것을 F(x)로 한다. 이 F(x)를 f(x)의 원시 함수라고 부른다.

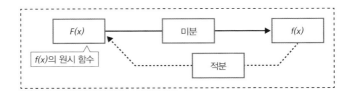

원시 함수에 '위 끝 b'를 대입한 F(b)로부터 '아래 끝 a'를 대입한 F(a)를 뺀다. 즉,

$$\int_a^b y\,dx = \int_a^b f(x)dx = F(b) - F(a)$$

이다. 'F(b) – F(a)'로 바로 계산하는 것은 힘들기 때문에

$$\int_a^b y\,dx = \int_a^b f(x)dx = [F(x)]_a^b = F(b) - F(a)$$

같이 계산하기 쉽도록 $[F(x)]_a^b$ 를 중간에 쓰는 일이 많다. 위와 같은 일반적인 공식은 고등학교 교과서를 포함해 많은 서적에 쓰여 있지만, 구체적인 문제로 배우는 것이 가장 좋다. 그렇기 때문에 위의 공식을 좀 더 구체적인 것으로 하기 위해 사용 빈도가 가장 많은

$$y = f(x) = x^n$$

으로 바꿔서 공식을 쓰면 다음과 같다. 'x^n'이 어렵게 느껴질 경우에는 'x^n'을 '$x^\square$'으로 해도 된다.

$$\int x^\square \, dx = \frac{1}{\square + 1} x^{\square + 1} + C$$

공식 마지막에 써 있는 '+C'는 적분 상수라고 한다. 이 적분 상수 C가 필요한 이유를

$$\int 2x \, dx$$

로 설명한다. 우선 미분해서 '$2x$'가 되는 것을 찾는다. '$(x^2)'= 2x$'의 결과에서 미분해서 '$2x$'가 되는 것은 'x^2'이다. 이 부분이 좀 복잡한데 미분해서 '$2x$'가 되는 것은 'x^2'뿐만이 아니다. '$(x^2 + 1)' = 2x$', '$(x^2 + 2)' = 2x$', '$(x^2 + 3)' = 2x$'……이므로, 미분해서 '$2x$'가 되는 것은 '$x^2 + 1$' '$x^2 + 2$' '$x^2 + 3$'……처럼 수없이 많다. 여기서 이 수없이 많은 답을 쉽게 나타내고 간결하게 정리하는 기호가 필요하다. 그것이 '+C'이다. 이 공식을 'a'부터 'b'까지 적분하는 것으로 하면 다음과 같은 공식이 된다.

$$\int_a^b x^{\square} \, dx = \left[\frac{1}{\square + 1} x^{\square + 1} \right]_a^b = \frac{1}{\square + 1} b^{\square + 1} - \frac{1}{\square + 1} a^{\square + 1}$$

미분과 적분이 '반대'인 이유

'미분의 반대는 적분, 적분의 반대는 미분'이라고 배운다. 미분을 배우다 보면 '미분은 접선의 기울기를 구하는 것', 적분을 배우면 '적분은 면적을 구하는 것'이라고 배우기 때문에 다음과 같은 의문이 생긴다.

'접선의 기울기를 구하는 미분의 반대가 면적을 구하는 적분이 된다고?'

'그러니까 접선의 기울기의 반대가 면적이라고? 이게 무슨 말이야?'

하긴 '접선의 기울기와 면적의 관계가 반대'라고 상상하기는 어렵다. 그렇기 때문에 시점을 바꿔 미분과 적분을 아래와 같은 대략적인 이미지로 생각해 보자.

미분은 0.0……01처럼 '엄청나게 작은 수'로 나누는 것

적분은 0.0……01처럼 '엄청나게 작은 수'를 곱하는 것

'미분'이나 '적분'은 '나누는 수'나 '곱하는 수'가 터무니없이 작은 '나눗셈'이나 '곱셈'이다. '곱셈' 반대는 '나눗셈', '나눗셈' 반대는 '곱셈'인 것은 알고 있기 때문에 이것을 토대로 생각하면 '미분'과 '적분'이 반대의 관계가 된다는 것을 상상하기 쉬울 것이다.

어디까지나 '기울기와 면적은 미분과 적분의 하나의 예시'에 지나지 않는다. 제시한 예 한 가지로 모든 것을 이해하는 것은 어렵다. 그러므로 예시의 바탕이 되는 원리에서부터 생각하면 쉬워지는 것이 미분과 적분이다.

제9장

바르게 사용한다면 미래를 예측할 수 있는 '확률과 통계'

우리는 평소에 '%'를 사용해서 대화를 한다.

확률은 '확실함'을 0~100%로 나타낸 것이다.

확률을 이용해 예상과 같은 의사결정을 하는 학문이 통계다.

우리 생활 속에서 응용범위가 확대되어 가고 있는

확률과 통계를 살펴보자.

통계적으로는 전혀 근거가 없는 '꽃점'

'좋아한다, 싫어한다, 좋아한다, 싫어한다…' 꽃잎을 뜯으며 생각하는 사람이 '자신을 좋아하느냐, 싫어하느냐'를 점치는 것이 꽃점이다. 과거에 한 번쯤 해본 적이 있을지도 모른다. 하지만 이 꽃점은 수학적으로 보면 비약이 심하다. 왜냐하면 '좋아한다, 싫어한다, 좋아한다, 싫어한다…'라고 좋아한다와 싫어한다가 번갈아 가면서 등장하기 때문이다. 이는 좋아하는 상대방이 자신을 좋아할 확률을 '50%'로 멋대로 정한 셈이다. '왜 50%가 되는지' 전혀 근거가 없다. 어쩌면 '좋아한다, 좋아한다, 좋아한다, 좋아한다, 싫어한다…'가 될 수도 있거니와 '싫어한다, 싫어한다, 싫어한다, 싫어한다, 좋아한다…'가 될 수도 있다는 말이다. 모르는 것, 여기서는 좋아할 확률을 멋대로 정했다는 것이 비약이 심하다고 느껴지는 점이다. 더군다나 아래 표와 같이 꽃에 따라 꽃잎 개수가 다르기 때문에 의도적으로 확률을 조작할 수도 있다.

대표적인 꽃의 꽃잎 개수

꽃	꽃잎 개수
물질경이	3
매화, 벚꽃, 나팔꽃, 동백꽃	5
코스모스	8
아스타, 마리골드	13
마거리트, 애기동백	21
솔잎	34
거베라	55

'동전을 던졌을 때 앞면과 뒷면이 나올 확률'처럼 매번 동등한 확률로, 각 시행이 영향을 주지 않고 서로 독립적으로 일어나는 일을 교과서에서는 '독립시행'이라고 규정한다. 따라서 교과서에서 확률 문제를 풀 경우 독립시행이라는 점이 전제되어 있다. 독립시행이라는 것을 무시하고 꽃점을 본다면 엉터리 결과가 되어버린다.

 예를 들면 '외계인은 있는가, 없는가?'가 이슈가 될 때가 있는데 '외계인이 있는' 경우와 '외계인이 없는' 경우의 두 가지 밖에 없기 때문에 '외계인이 있을 확률이 50%'라는 것은 비약이 심하다고 할 수 있을 것이다. 꽃점의 '좋아한다', '싫어한다'도 이와 마찬가지다. 일기예보에서 '비가 올 경우와 비가 오지 않을 경우 두 가지 밖에 없으니 강수 확률은 매일 50%다' 같은 일이 있겠는가? 강수 확률은 과거 30년간의 데이터를 기반으로 해서 예측하고 있다. 이처럼 꽃점도 과거의 데이터를 기반으로 '좋아한다'와 '싫어한다'의 빈도를 결정한다면 좋을 텐데 말이다.

●피보나치 수열

 앞 페이지에서 소개한 꽃잎 개수에는 규칙성이 있다. 표에 표시한 것을 포함해 자연에서 볼 수 있는 꽃들의 꽃잎 개수는

$$3 , 5 , 8 , 13 , 21 , 34 , 55$$

이런 식으로 늘어난다. 이렇게 수를 나열한 것을 수열이라고 한다. 이 수열은 다음과 같이 되어 있다.

 세 번째 8은 첫 번째 3과 두 번째 5를 더한 것 (3 + 5 = 8)
 네 번째 13은 두 번째 5와 세 번째 8을 더한 것 (5 + 8 = 13)
 다섯 번째 21은 세 번째 8과 네 번째 13을 더한 것 (8 + 13 = 21)
 여섯 번째 34는 네 번째 13과 다섯 번째 21을 더한 것 (13 + 21 = 34)

이러한 특별한 규칙이 있는 수열을 피보나치 수열이라고 부른다(다음 그림).

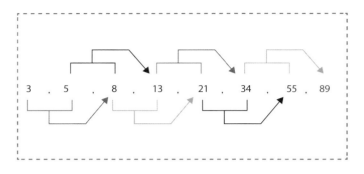

피보나치 수열을 조금 더 써보면

1, 1, 2, 3, 5, 8, 13, 21, 34, 55, 89, 144, 233, 377, 610, 987, 1597, 2584

가 된다. 피보나치 수열의 인접한 두 수의 비를 계산하면 오른쪽 표와 같이 '1.618…'이라는 숫자에 가까워진다. 이 1.618…이라는 숫자를 보고 무언가가 떠오른 분도 있을 것이다.

$$\frac{1 + \sqrt{5}}{2} = 1.618\cdots$$

이것은 바로 제2장에서 등장한 황금비다. 피보나치 수열에도 황금비가 나타나다니 신기하지 않은가?

수열	피보나치 수열의 비
1	
1	1÷1 = 1
2	2÷1 = 2
3	3÷2 = 1.5
5	5÷3 = 1.666···
8	8÷5 = 1.6
13	13÷8 = 1.625
21	21÷13 = 1.615···
34	34÷21 = 1.619···
55	55÷34 = 1.617···
89	89÷55 = 1.618···
144	144÷89 = 1.617···
233	233÷144 = 1.618···
377	377÷233 = 1.618···
610	610÷377 = 1.618···
987	987÷610 = 1.618···
1597	1597÷987 = 1.618···
2584	2584÷1597 = 1.618···

복권을 '10억 원'어치 사 본 내 인생의 말로 (시뮬레이터를 사용)

꿈과 기대를 안고 복권을 사러 가는 사람은 많을 것이다. 시대를 막론하고 복권은 큰 인기를 끌고 있고, 길게 줄을 서는 매장도 있을 정도다.

그러한 복권을 수학적으로 계산하면 '사면 살수록 당첨금은 구입 금액의 절반으로 수렴'된다는 결과가 나타난다. 이 사실을 '실험해보지 않아도 확인할 수 있는 것'이 수학의 장점이다. 하지만 또 직접 확인하고 싶어지는 것이 사람의 심리이기도 하다.

'복권으로 10억 원이 당첨되면 어떡하지?' 하고 기대에 부푸는 사람이 있는가 하면 '실제로 10억 원어치 복권을 사면 얼마만큼의 액수가 반환될까?' 하고 생각하는 사람도 있을 것이다.

현실적으로 10억 원어치 복권을 살 수는 없지만 웹 복권 시뮬레이터 (http://kaz.in.coocan.jp/takarakuji/)를 사용하면 실험을 해볼 수 있다.

최근 여러 지인들로부터 '복권을 10억 원어치 사서 분석해 봤다.', '복권으로 10억 원 써봤다.'처럼 농담 같은 소리를 들었다. 내 지인들 중에 부자들이 이렇게 많았나 하고 처음에는 놀랐다. 그런데 실제로 복권을 산 게 아니라 이 '웹 복권 시뮬레이터'로 가상 체험을 하고 있었던 것이다.

쇠뿔도 단김에 빼랬다고 나도 '할로윈 점보 복권[11]'으로 실험해 봤더니 다음 페이지 표와 같은 결과가 나왔다.

10억 원을 들였는데 당첨금은 3억 원조차 되지 않는 '복권운이 없는 결과'였다. 수학을 가르치는 일을 하는 나도 복권 앞에서는 무력하다. 내 주위에는 '약 10억 원 들여 당첨금이 4억 5,000만 원'이 된 사람이 있는가 하면 '3억 원조차 돌아오지 않았다'는 복권운이 없는 사람도 있었다.

'할로윈 점보 복권' 구입액(약 1000만~약 10억 원)별 각종 시뮬레이션 결과

구입액	약 1000만 원	약 5,000만 원	약 1억 원	약 10억 원
구입 매수	3,333매	16,667매	33,333매	333,333매
1등 (30억 원)	0개	0개	0개	0개
1등 전후상 (10억 원)	0개	0개	0개	0개
1등 조차상[12] (100만 원)	0개	0개	0개	1개
2등 (1억 원)	0개	0개	0개	0개
3등 (1,000만 원)	0개	0개	0개	0개
4등 (30,000원)	33개	148개	314개	3,310개
5등 (3,000원)	335개	1,668개	3,334개	33,334개
할로윈상 (10만 원)	6개	42개	91개	961개
당첨금	2,595,000원	13,644,000원	28,522,000원	296,402,000원
회수율	25.95%	27.29%	28.52%	29.64%
당첨률	11.22%	11.15%	11.22%	11.28%

이 결과를 보자니 '실험마인드'를 발휘해서 실제로 복권을 안 사길 잘했다고 생각한다. 또한 이런 '사고'를 방지해 주는 도구가 수학이 아닐까하는 생각도 든다.

덧붙여 할로윈 점보 복권은 판매 총액 3,000억 원 대비 배당 총액이 1,439억 9,000만원이므로 배당률은 약 48%가 된 셈이다(이것을 계산하는 방법은 나중에 소개한다). 그렇다면 10억 원어치 구입하면 '약 4억 8,000만 원'은 거둘 수 있을 텐데 회수율이 30%인 3억 원에 못 미쳐서 이상하게 생각하는 분도 있을 것이다.

이렇게 회수율이 낮은 이유는 할로윈 점보 복권의 판매 총액 3,000억 원 대비 10억 원이라는 숫자는 '판매 총액과 비교하면 실험 금액이 굉장히 적기' 때문이라고 생각된다. 기대할 만한 금액을 거두려면 좀 더 큰 액수로 시뮬레이션할 필요가 있다. 그렇기 때문에 좀 더 큰 액수로 시뮬레이션 해보았다. 결과는 다음 표와 같다.

---

11) 일본에서 가을에 나오는 당첨 금액이 높은 복권

12) 조만 다르고 나머지 번호가 1등과 같을 경우에 받을 수 있는 상

'할로윈 점보 복권' 구입액(약 100억~약 1,500억 원)별 각종 시뮬레이션 결과

구입액	약 100억 원	약 300억 원	약 900억 원	약 1,500억 원
구입 매수	3,333,333매	10,000,000매	30,000,000매	50,000,000매
1등 (30억 원)	0개	0개	4개	9개
1등 전후상 (10억 원)	0개	4개	4개	8개
1등 조차상 (100만 원)	36개	86개	279개	522개
2등 (1억 원)	1개	1개	5개	12개
3등 (1,000만 원)	1개	6개	28개	49개
4등 (30,000원)	33,342개	99,788개	299,587개	499,499개
5등 (3,000원)	333,334개	1,000,001개	3,000,000개	5,000,001개
할로윈상 (10만 원)	9,935개	30,360개	89,954개	149,577개
당첨금	3,139,762,000원	13,275,643,000원	44,042,010,000원	82,154,673,000원
회수율	31.39%	44.25%	48.94%	54.77%
당첨률	11.30%	11.30%	11.30%	11.30%

　복권을 구입하는 액수가 클수록 회수율은 배당률인 약 48%에 가까워진다. 이 사실을 수학에서는 큰 수의 법칙이라고 한다. 이 결과로 미루어 보면 복권은 역시 구입액이 클수록 회수율이 구입액의 절반 가까이 높아지고 있다. 판매 총액 3,000억 원의 10분의 1인 300억 원 이상을 구매한다면 기대 금액에 다가가고 있다는 실감이 난다.

　참고로 복권 판매점 가운데 '명당'이라며 잘 당첨된다고 소문이 나 줄까지 서서 구매해야 하는 매장도 있다. 그러나 수학적으로 생각하면 어느 판매점에 가서 사든 당첨될 확률의 차이는 없다. 만약 특정 판매점만 확률이 높다면 불공평한 일이다. 웹 복권 시뮬레이터의 결과에서 알 수 있듯이 '잘 당첨된다'고 소문난 판매점은 매출이 많기 때문에 당첨되는 건수가 많은 것이다.

　이럴 때일수록 판매점에 따라 당첨될 확률에 차이가 있는지를 알아보기 위해 실제로 '평균값(수학 용어로는 기댓값)'을 구하는 것이 중요한데 별로 궁금해하는 사람은 없는 것 같다.

　'평균값, 즉 기댓값이 중요한데 상위권을 예로 제시한다.'

'상위권을 예로 제시하는 것이 중요한데 평균을 구해서 비교한다.'

이런 아이러니한 일들이 흔히 있기 때문에 정말로 '평균을 구하는 것이 중요한지', '상위권을 예로 제시하는 것이 중요한지'를 판단하는 것도 중요하다.

● 할로윈 점보 복권의 기댓값 구하기

여기서 할로윈 점보 복권의 기댓값을 구해 보자. 1장 3,000원에 발매 예정 매수가 1억 장, 판매 예정 금액이 3,000 × 1억 = 3,000억 원일 때의 당첨금과 매수는 다음 표와 같다.

등급	당첨금(원)		매수	당첨 확률
1등	3,000,000,000	(30억)	10	$\dfrac{1}{10000000}$
1등 전후상	1,000,000,000	(10억)	20	$\dfrac{1}{5000000}$
1등 조차상	1,000,000	(100만)	990	$\dfrac{99}{10000000}$
2등	100,000,000	(1억)	20	$\dfrac{1}{5000000}$
3등	10,000,000	(1,000만)	100	$\dfrac{1}{1000000}$
4등	30,000		1,000,000	$\dfrac{1}{100}$
5등	3,000		10,000,000	$\dfrac{1}{10}$
할로윈상	100,000		17,000	$\dfrac{3}{1000}$

각 등급, 전후상, 조차상 및 할로윈상의 당첨금의 총액은 다음 표와 같다.

등급	당첨금(원)	매수	당첨금 × 매수
1등	3,000,000,000	10	30,000,000,000
1등 전후상	1,000,000,000	20	20,000,000,000
1등 조차상	1,000,000	990	990,000,000
2등	100,000,000	20	2,000,000,000
3등	10,000,000	100	1,000,000,000
4등	30,000	1,000,000	30,000,000,000
5등	3,000	10,000,000	30,000,000,000
할로윈상	100,000	300,000	30,000,000,000
합 계		11,301,140	143,990,000,000

위의 표에서 할로윈 점보 복권 1매의 기댓값은

$$\frac{143990000000}{100000000} = \frac{143990}{100} = 1439.9원$$

이다. 할로윈 점보 복권 1매의 가격 3,000원 대비 1439.9원만 구매자에게 배당되므로 배당률은

$$\frac{1439.9}{3000} = 0.479966 = 47.9966\%(≒48\%)$$

가 된다. 덧붙여 이 배당률은 어디까지나 '복권이 매진되었을 경우'이다. 방금 시뮬레이션의 결과대로 복권을 사는 사람이 많을수록, 구입액이 클수록 환원율은 약 48%에 가까워진다.

여기서 배당금의 액수를 보면 1등과 1등 전후상이 합쳐서 500억 원으로 총액의 약 35%를 차지하기 때문에 1등 혹은 1등 전후상이 당첨되지 않는 이상 배당율인 약 48%에 접근하기는 어려워 보인다. 실제로 웹 복권 시뮬레이터의 결과가 보여주듯이 환원율이 48%에 근접한 것은 구입금액이 30억 이상일 때이며, 1등과 1등 전후상이 여러 장 당첨되고 있다. 환원율과 가까운 배당금을 얻기 위해서는 1등이나 전후상이 당첨될 수 밖에 없을 것이다.

아파트의 '최다 판매 가격대'는 '최빈값'

일본의 아파트 분양 전단지에는 통계 숫자가 몇 개 등장하기 때문에 통계를 공부하는데 유용하다. 그럼 같이 보도록 하자.

○위치 / ○○시 □□
○교통 / ○○선 '□□'역 도보△분
○구조 / RC조(철근콘크리트) 5층건물
○분양 가구수 / 10가구
○분양가 / 1억 5,000만 원(1가구)~
　　　　 6억 5,000만 원(1가구)
○최다 판매 가격대 / 2억 원(6가구)

부동산 매매에는 최다 판매 가격대 혹은 최다 가격대가 설정되어 있다. 이는 판매될 가구 중 가장 많은 가격을 1억 원 단위로 표시한 것이다.

아파트는 신축 단독주택과 달리 분양될 가구 수가 1가구가 아니라 10가구, 20가구, 경우에 따라서는 100가구가 넘는데 호수에 따라 넓이, 햇볕이 드는 방향, 바깥 경관 등 조건이 다르기 때문에 가격을 일률적으로 설정할 수 없다. 그렇기 때문에 분양가를

1억 5,000만 원(1가구) ~ 6억 5,000만 원(1가구)

처럼 범위로 표기하지만 이것만으로는 분양가의 차이가 커서 알아보기 불편하다. 특히 도심에 위치한 역세권 아파트의 경우에는

분양가 / 5억 원(1가구) ~ 25억 원(1가구)

처럼 분양가가 20억이 넘는 아파트도 있기 때문에 평균치 같은 숫자가 있으면 편리하다. 그러나 극단적으로 큰 숫자나 작은 숫자가 있으면 그 숫자가 평균에 큰 영향을 준다. 그렇기 때문에 극단적인 수치가 주는 영향을 회피하기 위해 최다 판매 가격대가 있는 것이다. 덧붙여 최다 판매 가격대는 일반적인 수학 용어로 최빈값이라고 한다.

예를 들어 아래 그림과 같은 아파트로 생각해 보자.

가장 가구가 많은 것은 6가구가 있는 2억 원이므로 이것이 최다 판매 가격대가 된다. 일본에서는 분양 가구가 10가구 이상일 경우 부동산 매매 광고를 만들 때 최저가, 최고가 및 최다 판매 가격대와 분양 가구수를 표시해야 한다. 그렇기 때문에 아파트 매매 전단지는 앞 페이지처럼 표기되어 있다.

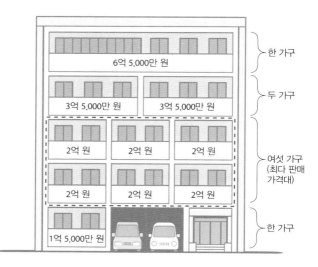

최다 판매 가격대는 가구 수가 많을 때 자주 볼 수 있는 표기

선거 개표 방송에서 개표율 1%인데도
'당선이 확실'하다고 단언할 수 있는 이유

국회의원 등의 선거가 실시될 때마다 방송국은 개표 방송을 하며 거기서 속보를 전한다. 아직 개표 작업이 끝나지 않은 상태인데도 '○○후보자 당선 확실'이라는 내용이 TV 화면에 자막으로 뜬다.

개표율이 1%, 그것에 못 미치는 0%일 경우에도 몇 분 뒤에는 '당선 확실'이라고 전해지면서 후보자가 '만세~!'를 하는 장면이 방송되기도 한다. 그럼 이 '당선 확실'은 어떤 식으로 발표되고 있을까? '당선 확실'을 언론사가 발표하려면 그 후보자가 다른 후보자에게 '확실히 이긴다'는 데이터가 필요하다. 이 데이터를 얻기 위해 실시하고 있는 것이 출구조사, 사전 취재, 여론 조사 등이다. 출구조사는 투표를 마친 사람에게 '누구에게 투표했는지'를 물어보고 집계한 데이터이다. 사전 취재에서는 언론사 기자가 후보자의 선거 사무소 등을 취재한다. 사무실에 따라서는 '확실한 지지표'에 관한 정보를 가지고 있을 수도 있기 때문에 취재를 통해 알아낸다.

물론 당선 예상이 빗나갈 수도 있다. 당선 확실이 전해진 후보자가 낙선한 사례가 최근 선거에서도 있었다. 당선 확실은 어디까지나 추정한 것이다.

이렇게 통계로 예상한 결과가 빗나간 것 중에 유명한 사례가 1948년 미국 대통령 선거다. 이 대통령 선거에는 유력한 후보로 트루먼과 듀이가 있었고 여론 조사 파이오니아인 갤럽을 비롯해 크로슬리, 로퍼 등 유명 회사들이 모두 결과를 예상하고 있었다. 여론 조사에서는 갤럽과 크로슬리가 약 5% 차이로, 로퍼는 약 15% 차이로 트루먼 후보가 지는 걸로 나타났지만 결과는 약 4% 차이로 트루먼 후보가 이겼다.

여론 조사 업체의 예상과 실제 결과

	갤럽	크로슬리	로퍼	실제 결과
듀이 후보	49.5%	49.9%	52.2%	45.1%
트루먼 후보	44.5%	44.8%	37.4%	49.5%
기타 후보	6.0%	5.3%	10.4%	5.4%
합계	100.0%	100.0%	100.0%	100.0%

여론 조사는 나라를 막론하고 국민의 생각을 조사하는 중요한 역할을 담당하고 있다. 여론 조사 결과와 실제 대통령 선거 결과가 크게 다르다면 여론 조사가 국민의 생각을 제대로 반영하지 못한 것이 되므로 문제가 된다. 이때도 예측이 빗나간 일은 심각하게 받아들여졌다.

1948년 미국 대통령 선거는 여러 예상을 뒤엎고 트루먼 후보가 당선되었기에 '트루먼의 기적'으로 불릴 정도였다고 한다. 예상이 어긋난 원인으로는 조사 방법인 할당법(quota system)에 문제가 있었던 것이 아니냐는 분석이 나오고 있다. 할당법은 유권자를 연령, 성별, 지역별로 분류하고 그 수에 따라 조사 대상자 수를 할당해 전체 유권자와 같은 구성이 되도록 해서 조사하는 방법이다.

크게 문제가 없어 보이는데 왜 예상이 빗나간 것일까? 이것은 조사 대상으로 뽑힌 사람들이 편중되어 있었기 때문이라고 여겨지고 있다. 이 할당법은 분류된 조건만 충족하는 조사 대상자라면 누구나 가능하도록 되어 있었다. 간략하게 말하면 조사원이 조사 대상을 주관적으로 고를 수 있었던 것이다. 그렇게 되면 조사원은 지인이나 조사하기 쉬운 사람을 선택하기 마련이다. 마음대로 조사할 사람을 정해도 된다면 굳이 '말 걸기 어려운 사람'을 조사하지는 않을 것이다. 그러나 '말을 걸기 어려운 사람을 조사에서 제외'하게 되면 아무래도 치우친 결과가 나타나기 십상이다.

랜덤이라고 하면 '적당히 하면 된다'고 생각하기 쉽지만, 실제로는 어려운 데다 실현하려고 하면 비용도 든다. 비용을 아끼려고 하면 할수록 랜덤이 아니게 된다는 것을 알려주는 역사적인 사례가 되었다.

할당법(quota system)

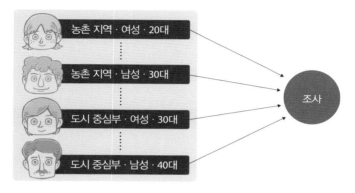

'분산'이나 '평균 편차'가 아닌
'표준 편차'를 사용하는 이유

학교 정기 고사나 모의고사의 답안지를 돌려줄 때 평균 점수를 함께 알려 주는 경우가 많지만 자신의 점수와 평균을 아는 것만으로는 순위가 어느 정도인지 자세히 알 수 없다. 예를 들어 생각해 보자.

과목	나의 점수	평균 점수
국사	72	60
세계사	78	65

국사 점수도 세계사 점수도 평균의 1.2배이기 때문에 '대체로 둘 다 비슷하겠지' 하고 생각해 버리기 쉽다.

이렇게 대충 평가하는 것도 하나의 방법이지만 대학 입시처럼 1점 차이가 합격 여부를 좌우하는 시험일 경우 더욱 정확한 정보를 얻고 싶어진다.

그렇기 때문에 평균 점수가 다른 각 과목을 더 세밀하게 비교하는 편차치라는 도구가 필요하다. 편차치는 평균을 50, 표준 편차를 10으로 했을 때의 값이다. 편차치가 60일 경우는 위에서 15.87%이며 편차치 70일 경우는 위에서 2.28%에 있다는 것을 파악할 수 있다.

편차치를 도입할 때는 표준 편차라는 데이터의 편차를 나타내는 숫자가 필요하지만 계산 방법과 자세한 설명은 뒤에서 하도록 한다.

먼저 편차치는

$$\frac{(\text{나의 점수}) - (\text{평균 점수})}{(\text{표준 편차})} \times 10 + 50$$

이렇게 구할 수 있다. 방금 소개한 예에서 국사의 표준 편차를 6, 세계사의 표준 편차를 10으로 해서 각각의 편차치를 구하면

과목	점수	평균 점수	표준 편차	편차치	편차치를 구하는 계산식
국사	72	60	6	70	$\dfrac{72-60}{6} \times 10 + 50 = 20 + 50$
세계사	78	65	10	63	$\dfrac{78-65}{10} \times 10 + 50 = 13 + 50$

따라서 세계사보다 점수가 낮은 국사가 편차치는 높아진다.

● 표준 편차란?

여기서 표준 편차를 알아보자. 데이터의 특징을 숫자로 나타낼 때 가장 많이 사용되는 것은 평균이다. 하지만 평균은 만능이 아니라 약점도 있다. 어떤 시험의 점수를 나타낸 데이터를 예를 들어 살펴보자.

이름	1명째	2명째	3명째	4명째	5명째	6명째
A반	50점	50점	50점	50점	50점	50점
B반	60점	40점	60점	40점	60점	40점
C반	75점	25점	75점	25점	75점	25점
D반	100점	0점	100점	0점	100점	0점

A~D반의 평균 점수는 모두 50점이다. 그렇다고 'A~D 모든 반이 같은 경향을 보이고 있다'고는 할 수 없다. A반은 모든 학생이 같은 점수고, B반도 비교적 평균적인 성적을 받은 학생이 모였지만 C반은 점수 차이가 크게 있어 해당 과목을 잘하는 사람과 못하는 사람의 뚜렷한 경향이 있다. D반은 해당 과목을 엄청 잘하는 학생과 엄청 못하는 학생으로 갈라져 있다. 하지만 이러한 말만으로는 정확하게 특징을 전달하기가 어렵다. 말이라는 것

은 상대방이 어떻게 받아들이냐에 따라 결과가 달라지기 때문이다. 그렇기 때문에 숫자로 객관적인 차이를 표현할 필요가 있다.

그러면 이 4개 반에는 어떤 차이가 있을까? 평균 점수는 같지만 점수의 분산도가 다르다. A반은 모두가 평균 점수와 같은 점수이고, B반과 C반은 각각 평균 점수와 플러스 마이너스 10점과 25점의 차이로 분산되어 있다. D반은 50점 차이가 있어 개인마다 점수 차이가 많이 나고 넓게 분산되어 있다.

이 평균을 중심으로 흩어진 정도, 즉 분산도를 수학에서는 표준 편차라고 부른다. 숫자로 나타내면 A반의 표준 편차는 0점, B반의 표준 편차는 10점, C반의 표준 편차는 25점, D반의 표준 편차는 50점이 된다.

● 표준 편차를 구하는 법

이 예처럼 편차의 정도가 모두 일률적이면 표준 편차를 쉽게 구할 수 있지만 일반적으로는 그렇지 않다. 그러면 분산도가 일률적이지 않을 경우에 표준 편차는 어떻게 구하면 될까? 다음 표는 A~D씨가 4~8월에 아르바이트했을 때 받은 보너스를 표에 나타낸 것이다. 보시다시피 보너스의 평균은 모두 같은 5만 원이다.

이름	4월 보너스	5월 보너스	6월 보너스	7월 보너스	8월 보너스	평균 보너스
A 씨	5만	5만	5만	5만	5만	5만
B 씨	2만	4만	5만	6만	8만	5만
C 씨	0	2만	4만	8만	11만	5만
D 씨	0	0	0	0	25만	5만

그럼 A 씨, B 씨, C 씨, D 씨가 받은 보너스가 어떻게 다른지 알아보기 위해 표준 편차를 구해 보겠다. 우선 매달 받는 보너스에서 평균 보너스인 5만 원을 뺀다. 평균을 뺀 이 값을 편차라고 한다.

이름	4월 보너스 −5만 원	5월 보너스 −5만 원	6월 보너스 −5만 원	7월 보너스 −5만 원	8월 보너스 −5만 원	편차의 합계
A 씨	0	0	0	0	0	0
B 씨	−3만	−1만	0	1만	3만	0
C 씨	−5만	−3만	−1만	3만	6만	0
D 씨	−5만	−5만	−5만	−5만	20만	0

하지만 단순히 빼기를 하면 위 표처럼 편차의 합계가 항상 '0'이 되어 버린다. 이래서는 A 씨, B 씨, C 씨, D 씨의 분산도를 분석할 수 없다. 이 편차의 합계가 항상 같은 '0'이 되는 것은 플러스 수와 마이너스 수가 혼재되어 있기 때문이다. 그렇기 때문에 마이너스 수를 억지로 플러스로 만들기 위해서 제곱을 한다. 이렇게 제곱한 수의 평균을 분산이라고 한다. 각자의 편차의 제곱을 구해서 분산을 계산해 보자.

이름	(4월 보너스 −5만 원)의 2제곱	(5월 보너스 −5만 원)의 2제곱	(6월 보너스 −5만 원)의 2제곱	(7월 보너스 −5만 원)의 2제곱	(8월 보너스 −5만 원)의 2제곱	분산
A 씨	0	0	0	0	0	0
B 씨	$9만^2$	$1만^2$	0	$1만^2$	$9만^2$	$4만^2$
C 씨	$25만^2$	$9만^2$	$1만^2$	$9만^2$	$36만^2$	$16만^2$
D 씨	$25만^2$	$25만^2$	$25만^2$	$25만^2$	$400만^2$	$100만^2$

위 표에서 A 씨보다 B 씨가, B 씨보다 C 씨가, C 씨보다 D 씨가 매달 들어오는 보너스 금액에 차이가 있음을 객관적인 숫자로 알 수 있다. 다만, 이 분산은 조금 문제가 있다. 단위를 보자.

$$만^2$$

이다. 분산을 구할 때 제곱을 했기 때문에 단위까지 제곱이 되어 버리는 것이다. 이 만²이라는 단위를 평소에 사용할 일은 없기 때문에 단위의 제곱이 없어지도록 제곱근(루트)의 값을 구한다. 분산의 제곱근(루트)이 표준 편차가 된다.

$$\text{표준 편차} = \sqrt{\text{분산}}$$

이름	분산	√(분산)	표준 편차
A 씨	0	0	0
B 씨	4만²	$\sqrt{4만^2}$	2만
C 씨	16만²	$\sqrt{16만^2}$	4만
D 씨	100만²	$\sqrt{100만^2}$	10만

　방금 숫자의 흩어진 정도를 나타내는 분산을 구하는 과정에서 마이너스를 플러스로 하기 위해 편차를 제곱했다. 마이너스를 플러스로 바꾸기 위해서라면 제곱이 아닌 '편차의 절대값'을 사용하는 방법도 있다. '편차의 제곱'은 분산이라고 하고, '편차의 절대값'은 평균 편차라고 부른다. 그러나 평균 편차는 표준 편차에 비해 그다지 사용되지 않는다.

이름	(4월 보너스 −5만 원)의 절대값	(5월 보너스 −5만 원)의 절대값	(6월 보너스 −5만 원)의 절대값	(7월 보너스 −5만 원)의 절대값	(8월 보너스 −5만 원)의 절대값	평균 편차
A 씨	0	0	0	0		0
B 씨	3만	1만	0	1만	3만	1.6만
C 씨	5만	3만	1만	3만	6만	3.6만
D 씨	5만	5만	5만	5만	20만	8만

그 이유 중 하나는 절대값을 계산하는 것보다 제곱을 계산하는 것이 쉽기 때문이다. 절대값의 계산은 고등학교 교과서에 나오듯이 '나눠 풀기'가 필요하기 때문에 아무래도 복잡해진다. 반면 제곱 계산은 나눠서 풀 필요가 없어서 기계적으로 할 수 있기 때문에 수 자체는 커지지만 간단하다.

또한 흩어진 정도'만'을 알아본다면 표준 편차, 평균 편차 중 어느 쪽을 사용해도 상관없으며 분산을 사용해도 괜찮다. 다만 우리는 늘 흩어진 정도'만'을 알면 되는 것이 아니다. 흩어진 정도를 사용해 다양한 예상과 추정을 함으로써 일상생활 속에서 응용하고 싶은 것이다. 일상생활 속에서 응용할 때 분산이나 평균 편차는 표준 편차보다 다루기 어렵기 때문에 표준 편차를 이용하는 경우가 많다.

'푸아송 분포'로 알 수 있는 '인기 아이돌이 탄생할 확률'

'1일당 교통사고 건수', '책 1 페이지당 인쇄 실수 수' 등 희귀한 케이스를 예상할 경우에 사용되는 것이 푸아송 분포다. 과거에 '말에 차여 죽은 병사의 수'를 조사, 분석한 통계학자가 있었는데 이 특이한 케이스가 푸아송 분포 최초의 실용 사례로 알려져 있기에 뒤에서 알아보도록 한다.

푸아송 분포의 식은 단위 시간(1시간, 1일, 1년 등)에 어떤 사건이 평균 λ(람다)회 일어난다고 했을 때, 그 사건이 k회 일어날 확률을 다음과 같은 식으로 나타낸 것이다.

$$\frac{e^{\lambda} \times \lambda^{k}}{k!}$$

여기서 e는 자연로그의 밑이라고 부른다. 2.718281828459…이렇게 원주율 π처럼 무한으로 이어진다. k!은 1부터 k까지의 정수를 곱한 값이다. 예를 들어, 1!은 1, 2!은 $2 \times 1 = 2$, 3!은 $3 \times 2 \times 1 = 6$ 같은 식이다. 이 공식을 보는 것만으로는 무슨 말인지 알기 어렵기 때문에 예제를 사용해 생각해 보도록 한다.

○예제

점심시간(12~13시) 1시간 사이에 전화가 평균 3번 걸려오는 사무실이 있다. 오늘 점심시간 동안 전화가 걸려오는 횟수를 푸아송 분포로 구하시오. 단, 전화가 걸려오는 빈도는 랜덤으로 한다.

전화가 평균 3번 걸려온다는 것을 바탕으로 λ = 3으로 해서

$$\frac{e^{-3} \times 3^k}{k!} = \frac{3^k}{e^3 \times k!}$$

이다. 그럼 이 식을 사용해서 점심시간에 '전화가 안 온다', '한 번 걸려온다', '두 번 걸려온다', '세 번 걸려온다'의 각 확률을 구해보도록 하자.

○점심 시간에 전화가 안 오는 (k = 0) 확률

$$\frac{3^0}{e^3 \times 0!} = \frac{1}{e^3} = \frac{1}{20.0855369\cdots} = 0.049787068\cdots \fallingdotseq 5.0\%$$

○점심시간에 한 번 (k = 1) 전화가 올 확률

$$\frac{3^1}{e^3 \times 1!} = \frac{3}{e^3} = \frac{3}{20.0855369\cdots} = 0.1493612\cdots \fallingdotseq 14.9\%$$

○점심시간에 두 번 (k = 2) 전화가 올 확률

$$\frac{3^2}{e^3 \times 2!} = \frac{9}{2e^3} = \frac{9}{40.17107385\cdots} = 0.224041808\cdots \fallingdotseq 22.4\%$$

○점심시간에 세 번 (k = 3) 전화가 올 확률

$$\frac{3^3}{e^3 \times 3!} = \frac{9}{2e^3} = \frac{9}{40.17107385\cdots} = 0.224041808\cdots \fallingdotseq 22.4\%$$

정리하면 다음 표와 같다.

전화의 횟수[k]	0	1	2	3	4	5	6	7
확률(%)	5.0	14.9	22.4	22.4	16.8	10.1	5.0	2.2

점심시간 때 평균적으로 3번 전화가 걸려오는 사무실의 경우 전화가 전혀 안 올 확률은 약 5%이기 때문에 사무실을 비우고 다같이 밖에서 점심 식사를 하는 것은 어려울 것 같다.

실은 이 푸아송 분포는 1일, 1주일, 1개월…1년과 같이 단위 시간을 길게 한다면 더욱 흥미로운 예상을 할 수 있다. 그 예로 다음 예제를 한 번 보자.

○예제

A지방에서는 해마다 평균 1명 인기 아이돌이 탄생하고, B지방에서는 해마다 평균 2명 인기 아이돌이 탄생한다. 올해 A지방, B지방에서 탄생할 인기 아이돌 수와 그 확률은?[13]

○A지방

해마다 1명(λ = 1)의 인기 아이돌이 탄생하는 경우

평균 1명이므로 $\dfrac{e^{-\lambda} \times \lambda^{k}}{k!}$에 λ = 1을 대입하면

$$\dfrac{e^{-1} \times 1^{k}}{k!} = \dfrac{1}{e \times k!}$$

이 된다. 이것을 사용해서 계산해 나간다.

○올해는 인기 아이돌이 한명도 탄생하지 않을 (k = 0) 확률

$$\dfrac{1}{e \times 0!} = \dfrac{1}{e} = \dfrac{1}{2.7182818\cdots} = 0.367879\cdots \fallingdotseq 36.8\%$$

○올해 인기 아이돌이 1명(k = 1) 탄생할 확률

$$\dfrac{1}{e \times 1!} = \dfrac{1}{e} = \dfrac{1}{2.7182818\cdots} = 0.367879\cdots \fallingdotseq 36.8\%$$

○올해 인기 아이돌이 2명(k = 2) 탄생할 확률

$$\dfrac{1}{e \times 2!} = \dfrac{1}{2e} = \dfrac{1}{2 \times 2.7182818\cdots} = 0.183939721\cdots \fallingdotseq 18.4\%$$

○올해 인기 아이돌이 3명(k = 3) 탄생할 확률

$$\dfrac{1}{e \times 3!} = \dfrac{1}{6e} = \dfrac{1}{6 \times 2.7182818\cdots} = 0.06131324\cdots \fallingdotseq 6.1\%$$

정리하면 다음 표와 같다.

---

13) 일본에서는 아이돌이 지역별로 활동하는 경우가 많다.

탄생할 인기 아이돌의 인원수 [k]	0	1	2	3	4	5
확률(%)	36.8	36.8	18.4	6.1	1.5	0.3

○B지방

해마다 인기 아이돌이 2명(λ = 2) 탄생할 경우

평균 2명이므로 $\dfrac{e^{-\lambda} \times \lambda^k}{k!}$에 λ = 2를 대입하면

$$\frac{e^{-2} \times 2^k}{k!} = \frac{2^k}{e^2 \times k!}$$

이 된다. 이것을 사용해서 계산한다.

○올해는 인기 아이돌이 한명도 탄생하지 않을 (k = 0) 확률

$$\frac{2^0}{e^2 \times 0!} = \frac{1}{e^2} = \frac{1}{7.389056\cdots} = 0.135335\cdots \fallingdotseq 13.5\%$$

○올해 인기 아이돌이 1명(k = 1) 탄생할 확률

$$\frac{2^1}{e^2 \times 1!} = \frac{2}{e^2} = \frac{2}{7.389056\cdots} = 0.270671\cdots \fallingdotseq 27.1\%$$

○올해 인기 아이돌이 2명(k = 2) 탄생할 확률

$$\frac{2^2}{e^2 \times 2!} = \frac{2}{e^2} = \frac{2}{7.389056\cdots} = 0.270671\cdots \fallingdotseq 27.1\%$$

○올해 인기 아이돌이 3명(k = 3) 탄생할 확률

$$\frac{2^3}{e^2 \times 3!} = \frac{4}{3e^2} = \frac{4}{22.167168\cdots} = 0.180447\cdots \fallingdotseq 18.0\%$$

정리하면 다음 표와 같다.

탄생할 인기 아이돌의 인원수 [k]	0	1	2	3	4	5	6
확률(%)	13.5	27.1	27.1	18.0	9.0	3.6	1.2

푸아송 분포의 특징이자 이점은 평균 값(λ)만 알고 있으면 전체의 인원수를 몰라도 답을 구할 수 있다는 점이다.

A지방과 B지방의 인구가 다르더라도 인기 아이돌이 되는 평균 인원만 알고 있으면 올해의 예상이 가능한 것이다.

● '말에 차여 숨진 병사의 수'는?

여기서 앞에 언급한 '말에 차여 죽은 병사의 수'를 설명하도록 한다. '푸아송 분포를 역사상 처음으로 응용한 조사 사례'라고 했지만 실행한 것은 독일의 수리통계학자이자 수리경제학자인 라디슬라우스 보르트키에비치(Ladislaus Bortkiewicz)다.

보르트키에비치는 프로이센 육군에서 '말에 차여 죽은 병사의 수'를 1875년부터 1894년까지 20년에 걸쳐 10개 부대(합계 200부대)를 조사했다. 결과는 다음 표와 같다.

한 부대에서 말에 차여 숨진 병사의 수	0명	1명	2명	3명	4명	5명 이상	합계
부대 수	109	65	22	3	1	0	200
부대의 비율(%)	54.5	32.5	11	1.5	0.5	0	100

출처: Das Gesetz der kleinen Zahlen (The Law of Small Numbers) Ladislaus von Bortkiewicz (1898)

말에 차여 숨진 병사의 총수는 20년 동안에

$$0 \times 109 + 1 \times 65 + 2 \times 22 + 3 \times 3 + 4 \times 1 + 5 \times 0$$
$$= 0 + 65 + 44 + 9 + 4 + 0 = 122(명)$$

이므로 말에 차여 숨진 인원은 부대당

$$\lambda = 122 \div 200 = 0.61(명)$$

이다. 따라서

$$\frac{e^{-0.61} \times 0.61^{k}}{k!} = \frac{0.61^{k}}{e^{0.61} \times k!}$$

이렇게 된다. 실제 결과가 있기 때문에 푸아송 분포로 실제로 예상이 잘 되었는지 확인해 보자.

○ **말에 차여 죽는 사람이 없는(k=0) 확률**

$$\frac{0.61^{0}}{e^{0.61} \times 0!} = \frac{1}{e^{0.61}} = \frac{1}{1.8404313987\cdots} = 0.543350869\cdots \fallingdotseq 54.3\%$$

○ **말에 차여 1명(k=1)이 숨질 확률**

$$\frac{0.61^{1}}{e^{0.61} \times 1!} = \frac{0.61}{e^{0.61}} = \frac{0.61}{1.8404313987\cdots} = 0.33144403\cdots \fallingdotseq 33.1\%$$

○ **2명(k=2) 말에 차여 죽을 확률**

$$\frac{0.61^{2}}{e^{0.61} \times 2!} = \frac{0.61^{2}}{2e^{0.61}} = \frac{0.3721}{3.680862797\cdots} = 0.101090429\cdots \fallingdotseq 10.1\%$$

한 부대에서 말에 차여 숨진 병사 수	0명	1명	2명	3명	4명	5명 이상	합계
부대 수(실제)	109	65	22	3	1	0	200
부대 수(예상)	108.7	66.3	20.2	4.1	0.6	0.08	200
부대의 비율(실제)(%)	54.5	32.5	11	1.5	0.5	0	100
부대의 비율(예상)(%)	54.3	33.1	10.1	2.1	0.31	0.04	100

약간의 오차는 있지만 굉장히 정밀하게 예상된 것이 아닌가? '말에 차여 숨지는 것'을 현대인이 상상하는 것은 쉽지 않지만

'남의 연애를 방해하는 놈은 말에 차여 죽어 버려라.'

라는 도도이쓰[14]가 있을 정도이기 때문에 그 당시에는 충분히 상상이 가는 일이었을 것이다.

푸아송 분포는 일상 생활 속의 다양한 현상을 파악하는 데 편리한 분포지만 뭐든지 계산할 수 있는 것은 아니다. 랜덤으로 일어나지 않는 현상에 대해서는 정확한 분석이 불가능하므로 적용 범위에 주의해야 한다.

---

14) 속요(俗謠)의 하나로 가사가 7 · 7 · 7 · 5 조(調)

'연봉 10억 원 이상의 인재'나 '10년에 한 명 있을까 말까하는 미인'을 나타내기

'연봉 10억 원 이상의 인재', '100만 명에 한 명 나올까 말까하는 훌륭한 인재', '10년에 한 명 있을까 말까하는 미인' 같은 말을 들을 때가 있다. 대부분의 경우 발언자의 갈고닦은 경험과 감각에서 나온 말이겠지만 통계를 사용하면 이러한 말을 수치화해서 파악할 수 있다. 해당되는 인물이 얼마나 대단한지를 대략적으로 파악해보도록 하자. 이 때 정규 분포와 표준 점수(z 점수)라고 불리는 2개의 값이 필요하기 때문에 준비해보겠다.

먼저 정규 분포다. 예를 들어 동전을 150회 던져서 윗면이 나오는 횟수를 가로축으로 표시하고 그 확률을 세로축으로 표시한 그래프를 만들면 아래 그림과 같은 그래프가 된다. 대략적으로 말하자면 이 그래프를 부드럽게 이은 곡선이 정규 분포다. 정규 분포는 아래 그래프처럼 좌우 대칭인 그래프가 되고 가운데가 평균이 된다.

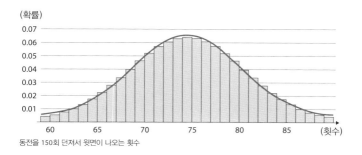

동전을 150회 던져서 윗면이 나오는 횟수

우리가 다루는 데이터를 그래프로 나타내면 정규 분포와 같은 형태가 되는 경우가 많기 때문에 정규 분포를 사용함으로써 여러 현상을 역산해서 예상할 수 있다. 우리가 흔히 듣는 편차치나 IQ는 알아볼 대상이 정규 분포로 되어 있다고 가정해서 역산하고 있다.

편차치는 평균을 50, 표준 편차를 10으로 했을 때의 자신의 점수지만 표준 점수(z 점수)는 평균을 0, 표준 편차를 1로 했을 때의 값으로 전체에서 개인의 상대적인 위치를 나타낸다. 표준 점수를 구하면 편차치나 IQ로 변환하는 것이 편해진다. 이것으로 준비가 되었으니 계산해보자.

●연봉 10억 원 이상의 인재

어떤 나라 국민의 연봉이 정규 분포를 따르고 있다고 가정해 보자. 그랬을 때 연봉 10억 원 이상의 인재를 편차치로 환산해 보았다. 연봉 10억 원은 엄청난 값이다.

일본 국세청의 통계 연보에 따르면 일본 국민 중 2015년도에 연간 수입이 10억 원 이상이었던 사람은 19,234명, 2016년도에는 20,501명으로 집계되었다. 그래서 연간 수입이 10억 원 이상인 사람은 약 2만 명이라고 추정할 수 있다.

일본의 인구가 약 1억 2,600만 명이라고 치면 비율은

$$\frac{2}{12600} = \frac{1}{6300} \fallingdotseq 0.00159$$

가 된다. 비율로 따지면 '0.159%'이기 때문에 상당히 한정적이다. 좀 더 상세하게 수치화해 보도록 하자.

이 상위권의 비율로부터 표준 점수를 직접 구할 수는 없기 때문에 전체에서 상위권의 비율을 제외한 아래쪽 누적 확률(다음 페이지 그림의 녹색으로 된 부분)의 비율을 구한다. 이 때 아래쪽 누적 확률은 '연봉 10억 원 미만인 사람의 비율'을 나타낸다.

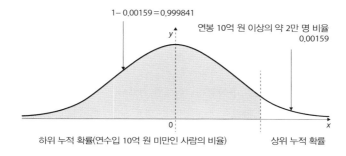

여기까지 구하면 'Excel' 또는 '정규 분포표'를 이용해 표준 점수를 구할 수 있다. Excel의 경우 'NORM.S.INV 함수'를 사용한다.

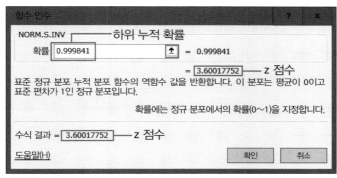

함수 인수

Excel의 경우: NORM.S.INV(0.999841)로 하면 z≒3.6
혹은 표준 정규 분포의 상위 누적 확률 Q=0.00159로 해서 z≒3.6

표준 점수의 계산 방법은 자신의 점수를 X로 했을 때

$$z = \frac{X-(평균)}{(표준\ 편차)}$$

이다. '편차치'나 'IQ'를 구할 경우에는 이 식을 변형한

X = (표준 편차)×z + (평균)

을 사용한다. 구체적인 공식으로 나타내면 편차치는 평균이 50, 표준 편차가 10이므로 환산한 식은

편차치 = 10×z + 50

이다. IQ는 평균이 100이고, TV 등의 미디어에서 자주 사용되는 IQ의 표준 편차는 24이기 때문에 IQ의 환산식은

IQ = 24×z + 100

이다. 여기에서 연간 수입 10억 원의 인재(z≒3.6)를 편차치로 나타내면

편차치 = 10z + 50 ≒ 10×3.6 + 50 = 86

표준편차 24인 IQ로 환산하면

IQ = 24z + 100 ≒ 24×3.6 + 100 = 186.4

가 된다.

●100만 명에 한 명 나올까 말까 하는 뛰어난 인재

다음으로 100만 명 중 한 명의 뛰어난 인재를 계산해 보자. '100만 명 중 1명'이라고 해도 감이 오지 않을 수 있기 때문에 구체적인 예를 들어 생각해 보도록 한다. 2022년 동계 올림픽에 참가한 한국 선수는 65명이다. 한국

의 인구를 약 5,000만 명으로 치면 그야말로 100만 명 중 1명꼴의 인재인 셈이다. 즉 '100만 명 중 한 명의 뛰어난 인재'는 '동계 올림픽 선수급'이라고 할 수 있다. 이것을 수치화해 보자.

100만 명 중 1명꼴은 0.000001(=10^{-6})이다. 전체에서 상위부의 비율을 제외한 비율(하위 누적 확률)은

$$1 - 0.000001 = 0.999999$$

이다. 이 값을 사용해 표준 점수를 구한다.

Excel의 경우: NORM.S.INV(0.999999)라고 하면 z≒4.753
혹은 표준 정규 분포의 상위 누적 확률 Q=0.000001로 해서 z≒4.753

여기에서 100만 명당 1명(z ≒ 4.753)을 편차치로 환산하면

$$편차치 = 10z + 50 ≒ 10 \times 4.753 + 50 = 97.53 ≒ 97.5$$

표준 편차 24의 IQ로 환산하면

$$IQ = 24z + 100 ≒ 24 \times 4.753 + 100 = 214.072 ≒ 214$$

● 10년에 한 명 있을까 말까 하는 미인

이번에는 '10년에 한 명 있을까 말까 하는 미인'의 경우다. 1년에 100만 명의 아기가 태어난다고 가정하면 1,000만 명에 한 명 태어난다고 볼 수 있지만 그 절반 정도가 남자 아이일 것이다. 그렇기 때문에 '500만 명에 한 명 태어날 미인'이 된다. 500만 명 가운데 한 명의 비율은 0.0000002(= 2 × 10^{-7})이다. 앞서 소개한 예와 마찬가지로 전체에서 상위부를 제외한 비율(하위 누적 확률)은

$1 - 0.0000002 = 0.9999998$

이다. 이 값을 사용해 표준 점수를 구한다.

> Excel의 경우 : NORM.S.INV(0.9999998)로 하면 z≒5.07
> 혹은 표준정규분포의 상위 누적 확률Q=0.0000002로 해서 z≒5.07

10년에 한 명뿐인 미인(z≒5.07)을 편차치로 환산하면

편차치 $= 10z + 50 ≒ 10 \times 5.07 + 50 = 100.7$

표준 편차 24인 IQ로 환산하면

$IQ = 24z + 100 ≒ 24 \times 5.07 + 100 = 221.68 ≒ 221.7$

이 된다. 이런 희소한 인물도 수치화하면 더욱 객관적으로 그 뛰어남을 파악할 수 있다.

전 좌석이 지정된 여객기와
'평균'의 깊은 관계

여객기는 강도나 엔진의 성능에 따라 날 수 있는 무게가 정해져 있다. 일본 항공 주식회사(JAL)에서 사용하는 보잉 777-300ER의 경우 무게는 340톤이 한계이며 이 무게를 초과하면 비행할 수 없다. 그 중 기체 무게가 165톤, 연료 무게가 최대 145톤, 화물과 인원의 무게가 최대 30톤이다.

기체 자체의 무게는 변동이 없지만 연료, 화물, 여객의 무게는 변한다. 자리가 모두 채워져 있을 때는 여객기의 중심이 유지되기 때문에 문제가 없지만 빈 좌석이 많을 경우에 문제가 생긴다.

승객을 모두 여객기 앞쪽 좌석에 앉혀 버리면 앞쪽이 무거워져 균형을 잡기 어려워진다. 그렇게 되지 않도록 화물과 승객의 무게를 계산하고 승객을 앞쪽, 가운데, 뒤쪽 좌석에 나눠서 배치해 균형을 잡아야 한다. 화물은 수하물을 맡길 때 계량할 수 있지만, 승객은 일일이 몸무게를 잴 수도 없고 개인정보를 보호하는 관점에서도 문제가 된다. 가령 몸무게를 잴 수 있다고 해도 모든 승객의 몸무게를 파악하고 나서 자리를 배치해서는 원활하게 탑승할 수 없을 것이다. 그렇기 때문에 평균을 이용한다.

보잉 777-300ER 기내 좌석 배치도

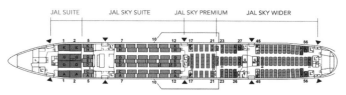

승객이 특정한 곳에 몰려 앉아 버리면 기체는 균형을 잡기 어려워짐　　　　　　　제공: 일본항공 (JAL)

JAL은 성인 1인당 몸무게를 70kg, 어린이 1인당 35kg으로 계산하는 것 같다. 아기는 좌석을 사용하지 않기 때문에 제외한다고 한다. 또한 겨울철이 되면 겉옷을 입게 되기 때문에 1인당 2kg 정도 추가한다고 한다. 이렇게 평균을 사용해서 계산함으로써 여객기의 균형이 잡힐 수 있도록 좌석을 배치하고 있는 것이다.

빈 좌석이 많은 여객기를 탔을 때 창가쪽으로 자리를 옮기고 싶을 수도 있겠지만 여객기는 항상 좌석이 지정되어 있어 자유로이 옮길 수 없게 되어 있다. 그 이유 중 하나가 여객기의 균형을 잡기 위해서였던 것이다. 다만 어떻게 해서든 꼭 자리를 옮기고 싶을 때는 승무원에게 상의하도록 하자.

여객기가 '모두 지정석'인 것에는 이유가 있었다. 사진은 일본항공이 과거 사용하던 보잉 747(점보젯)의 모형이며 'SKY MUSEUM'에 전시되어 있다.

TV 프로그램의 시청률은 '표집'을 통해 산출

시청률이란, TV 프로그램을 어느 정도의 가구가 시청하고 있는지를 나타내는 수치를 말한다. 우리가 평소 접하는 시청률은 '가구 시청률'로 지역이나 연령대별로 나눠 조사하고 있다. 시청률을 조사하는 회사는 다양하지만, 집계하는 기관별로 그 조사 결과가 다르다.

일본을 예로 들어 보자. 총무성 통계국의 데이터에 의하면 일본에는 약 5,340만 가구(2016년), 도쿄도만 해도 1,800만 가구나 있다. 예컨대 도쿄도에서 어떤 프로그램의 시청률이 15%라고 하면 도쿄도에서는 1,800×0.15=270만이나 되는 가구가 그 프로그램을 봤다는 의미다. 그러면 시청률을 어떻게 계산하는지 그 방법을 살펴보자.

시청률 = (프로그램을 시청중인 TV 대수)÷(전체의 TV 대수)×100

시청률은 모든 TV를 조사해 시청률을 내는 것이 이상적이지만 총무성 통계국의 데이터처럼 모든 가구를 조사하면 어마어마한 비용과 시간이 걸려 힘들다. 그렇기 때문에 모든 가구를 조사 대상으로 하는 것이 아니라 모든 가구 중에서 일부 샘플을 추출해 분석하는 표집을 실시한다.

이 때 샘플이 편향되지 않는 것은 물론 샘플 수가 어느 정도 필요한지도 중요하다. 샘플이 되는 TV가 10대, 20대 밖에 없다면 정확성이 떨어지고, 그렇다고 100만 대를 대상으로 조사하자니 그것도 굉장히 힘든 일이다.

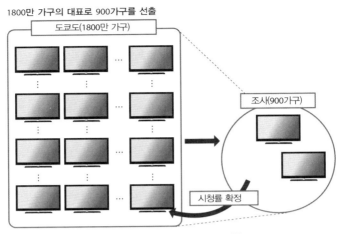

1800만 가구의 대표로 900가구를 선출

도쿄도(1800만 가구)

조사(900가구)

시청률 확정

비용과 정확성을 고려해 지역별로 시청률을 조사할 대수를 정함

그러므로 비용과 정확성을 고려해 지역별로 시청률을 조사하는 TV수가 정해져 있다. 도쿄도의 경우에는 2016년 10월부터 900가구를 대상으로 시청률을 측정하는 피플미터라고 불리는 기계가 설치되어 있다. 그전까지 600대였다가 300대가 추가로 설치되었고, 실시간으로 TV를 보지 않는 사람이 많아짐에 따라 타임시프트 재생[15]이 포함되었다. 900대로 약 1800만 가구를 예상해야 하니 통계도 최대한으로 활용되고 있을 것이다.

실시간 시청률이 12%, 녹화 시청률이 5%, 실시간으로 방송을 보면서 녹화분을 또 다시 봤을 때의 중복 시청률이 2%일 경우에 실시간 시청률과 녹화 시청률을 합친 다음 중복 시청률을 뺀 것이 종합 시청률이다. 피플미터가 설치되어 있는 900대는 극비 사항이다. 설치되어 있는 가구를 알게 되면 방송 제작자로부터 '이 시간대에는 이 프로그램을 시청해 달라'는 의뢰를 받게 될지도 모르기 때문이다. 그렇게 되면 시청률의 형평성을 잃게 된다. 예전에 탐정 사무소에 의뢰해서 피플미터가 설치되어 있는 가구를 찾아내 돈을 주고 시청률을 조작한 사건도 있었다. 그렇기 때문에 외부에 누설하지 않도록 피플미터를 설치하는 시청자와 계약을 맺는다.

실시간 시청률		녹화 시청률		중복 시청률		종합 시청률
12%	+	5.0%	-	2.0%	=	15%

　피플미터가 설치되는 가구에는 조건이 있는데, 우선 방송국을 포함한 매스미디어 관계자는 제외된다. 또 매월 37가구에서 38가구(2개월에 75가구)씩 교체되어 대상이 되는 가구가 2년동안 모두 교체되도록 하고 있다. 시청률은 방송, 나아가 그 방송 사이에 방영되는 광고(CF)를 보고 있는 사람수와 직결되기 때문에 시청률을 측정하는 제대로 된 시스템이 마련되어 있어야 한다. 시청률 조사 하나만 봐도 통계가 다양한 곳에서 활용되고 있다는 것을 알 수 있다.

---

15)　일본은 한국과 다르게 TV 자체 기능이나 HDD 레코더로 녹화를 해야 다시 보기가 가능하다 . 이 녹화된 방송을 보는 것이 타임시프트 재생이다 .

마치며

가구라자카라는 언덕을 아시나요?

도쿄도 신주쿠구에 있는 얼핏 보면 어디에나 있는 평범한 언덕입니다. 하지만 오전에는 언덕 위에서 아래로 내려가는 일방 통행이고, 오후에는 언덕 아래에서 위로 올라가는 일방 통행으로 바뀌는 '역전식 일방 통행'을 실시하고 있는 보기 드문 언덕이랍니다.

이 가구라자카의 언덕 아래에 서면 입시에 여러 번 실패했던 제 10대의 나날들이 떠오릅니다.

중학교 입시, 고등학교 입시, 대학교 입시… 불합격

합격자 게시판에 제 수험 번호가 단 한번도 오른 적이 없었습니다. 고등학교 입시는 들어가고 싶었던 학교의 학과가 정원 미달이었음에도 불합격이었고 대학교 입시는 재수하면서까지 가고 싶었던 학부에 들어가지 못했습니다. 마치 오전의 가구라자카의 진행 방향을 따라하듯 언덕 위에서 아래로 굴러 미끄러진 10대였어요.

실패의 연속이었던 제가 10대 마지막이 되는 19살의 봄에 당도한 것이 가구라자카의 언덕 아래였습니다. 언덕 아래에서 바라보는 가구라자카는 19살의 저와는 대조되게 화려한 모습을 보이고 있었지요. 문득 시선을 왼쪽으로 돌렸더니 나쓰메 소세키의 대표작 '도련님'의 주인공이 다녔던 학교(물리학교, 현 도쿄 이과대학)가 있었습니다. 그것을 보고 이것도 인연이라고 생각한 저는 '도련님'처럼 무모하게 입학 지원을 했습니다.

대학에 막 입학한 당시의 저는 약간 공부에 대한 의욕이 떨어진 상태로 강의를 듣고 있었습니다. 그러던 어느 날 4교시 강의가 끝나는 16시쯤 교실

밖에 다양한 연령층의 사람들이 줄을 길게 서 있는 모습을 보게 됐습니다. 저는 그게 무슨 줄인지 궁금해졌지요. '이 사람들은 대체 뭘 기다리고 있는 걸까' 하고 생각하면서 그 모습을 우두커니 바라보고 있었습니다. 알고 보니 강의를 가능한 앞자리에서 들으려고 줄을 서 있는 야간 학부 학생들이었습니다.

도쿄 이과대학은 지금도 일본에서 유일하게 야간 이학부인 이학부 제2부가 설치되어 있습니다. 덕분에 다양한 연령층의 학생들이 밤늦게까지 공부하고 있지요. 직장인뿐만 아니라 정년 퇴직후에 공부에 힘쓰는 분도 많답니다. 그런 야간 학생들의 공부에 대한 열정과 자세는 제가 완전히 잃고 있었던 자세 그 자체였습니다.

'과거는 상관없다. 하고 싶었던 공부를 한다.'. 뒷모습에서도 그런 열의가 느껴졌습니다. 그 모습을 보고 자연스레 저의 의식도 바뀌었어요. 지금 생각하면 그때 제 과거가 변화하기 시작했던 거죠. 덕분에 어떻게 유급하지 않고 대학을 졸업할 수 있었습니다. 과거는 상관없습니다. 언제든지 바꿀 수 있어요. 이 책이 그것을 위한 도움이 된다면 더 이상 기쁜 일은 없겠습니다.

마지막으로 과학 서적 편집부의 이시이 겐이치씨에게는 말로 표현할 수 없을 정도로 많은 신세를 졌습니다. 이 자리를 빌려 깊이 감사드립니다.

방위성 해상자위대 오즈키 교육항공대 수학 교관
사사키 준

○서적

石川聡彦. (2018). 人工知能プログラミングのための数学がわかる本. KADOKAWA/中経出版

マガジンハウス. (2018). 自衛隊防災BOOK. マガジンハウス.

星田直彦. (2018). しくわかる数学の基礎. SBクリエイティブ.

池上 彰, 「池上 彰緊急スペシャル!」制作チーム. (2018). 知らないではすまされない自衛隊の本当の実力. SBクリエイティブ.

本貴文. (2014). 校では教えてくれない! これ1冊で高校数学のホントの使い方がわかる本. 秀和システム.

石井俊全. (2012). まずはこの一冊から 意味がわかる統計. ベレ出版.

大上丈彦, メダカカレッジ. (2012). マンガでわかる統計. SBクリエイティブ.

岡崎拓生. (2011). 翔べ海上自衛隊航空学生. 光人社.

佃 為成. (2011). 東北地方太平洋沖地震は"予知"できなかったのか?. SBクリエイティブ.

畑村洋太. (2010). 直観でわかる微分積分. 岩波書店.

小島寛之. (2009). キュートな数学名作問題集. 筑摩書房.

谷哲也. (2009). イージス艦はなぜ最強の盾といわれるのか. SBクリエイティブ.

井 進. (2006). 感動する!. 海竜社.

小島寛之. (2006). 完全独習 統計学入門. ダイヤモンド社.

白取春彦. (2005). 「数学」はこんなところで役に立つ. 春出版社.

畑村洋太. (2004). 直観でわかる. 岩波書店.

岡部恒治. (2002). 図解 微分・積分が見る見るわかる. サンマーク出版

江藤邦彦. (1998). 算数と数学 素朴な疑問. 日本実業出版社.

○무크

Newtonライト. (2018). ベクトルのきほん. ニュートンプレス.

Newtonライト. (2017). 対数のきほん. ニュートンプレス.

MIDIKA NA ARE WO SUGAKU DE SETSUMEI SHITE MIRU

© 2019 Jun Sasaki
All rights reserved.
Original Japanese edition published by SB Creative Corp.
Korean translation copyright © 2023 by Korean Studies Information Co., Ltd.
Korean translation rights arranged with SB Creative Corp.

이 책의 한국어판 저작권은 저작권자와 독점계약한 한국학술정보(주)에 있습니다.
저작권법에 의하여 한국 내에서 보호를 받는 저작물이므로 무단전재 및 복제를 금합니다.

하루 한 권, 일상 속 수학

초판 인쇄 2023 년 06 월 30 일
초판 발행 2023 년 06 월 30 일

지은이   사사키 준
옮긴이   일본콘텐츠전문번역팀
발행인   채종준

출판총괄 박능원
국제업무 채보라
책임번역 가와바타 유스케
책임편집 권새롬 · 김민정
디자인   홍은표
마케팅   문선영 · 전예리
전자책   정담자리

브랜드   드루
주소   경기도 파주시 회동길 230 (문발동)
투고문의 ksibook13@kstudy.com

발행처   한국학술정보(주)
출판신고 2003 년 9 월 25 일 제 406-2003-000012 호
인쇄   북토리

ISBN 979-11-6983-382-0 04400
      979-11-6983-178-9 (세트)

드루는 한국학술정보(주)의 지식 · 교양도서 출판 브랜드입니다.
세상의 모든 지식을 두루두루 모아 독자에게 내보인다는 뜻을 담았습니다.
지적인 호기심을 해결하고 생각에 깊이를 더할 수 있도록, 보다 가치 있는 책을 만들고자 합니다.